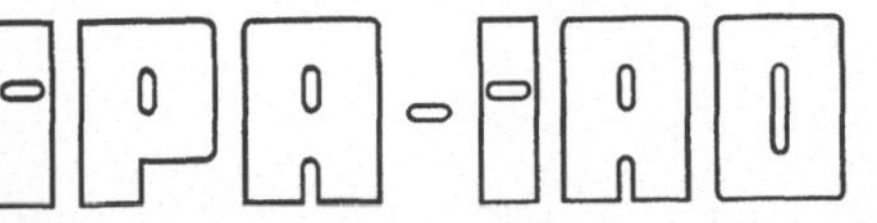

Forschung und Praxis

Band 288

Berichte aus dem
Fraunhofer-Institut für Produktionstechnik und Automatisierung (IPA), Stuttgart,
Fraunhofer-Institut für Arbeitswirtschaft und Organisation (IAO), Stuttgart,
Institut für Industrielle Fertigung und Fabrikbetrieb der Universität Stuttgart und
Institut für Arbeitswissenschaft und Technologiemanagement, Universität Stuttgart

Herausgeber: H. J. Warnecke, E. Westkämper und H.-J. Bullinger

Springer

Berlin
Heidelberg
New York
Barcelona
Budapest
Hongkong
London
Mailand
Paris
Singapur
Tokio

Andreas Friedel

Einfluss der Produktgestalt auf den Energieaufwand beim Recycling mechanischer Bauteile und Baugruppen

Mit 47 Abbildungen und 8 Tabellen

Dr.-Ing. Andreas Friedel
Fraunhofer-Institut für Produktionstechnik und Automatisierung (IPA), Stuttgart

Prof. Dr.-Ing. Dr. h. c. mult. H. J. Warnecke
o. Professor an der Universität Stuttgart
Präsident der Fraunhofer-Gesellschaft, München

Prof. Dr.-Ing. Dr. h. c. E. Westkämper
o. Professor an der Universität Stuttgart
Fraunhofer-Institut für Produktionstechnik und Automatisierung (IPA), Stuttgart

Prof. Dr.-Ing. habil. Prof. e. h. Dr. h. c. H.-J. Bullinger
o. Professor an der Universität Stuttgart
Fraunhofer-Institut für Arbeitswirtschaft und Organisation (IAO), Stuttgart

D 93

ISBN-13: 978-3-540-65680-7 e-ISBN-13: 978-3-642-47976-2
DOI: 10.1007/ 978-3-642-47976-2

Geleitwort der Herausgeber

Über den Erfolg und das Bestehen von Unternehmen in einer marktwirtschaftlichen Ordnung entscheidet letztendlich der Absatzmarkt. Das bedeutet, möglichst frühzeitig absatzmarktorientierte Anforderungen sowie deren Veränderungen zu erkennen und darauf zu reagieren.

Neue Technologien und Werkstoffe ermöglichen neue Produkte und eröffnen neue Märkte. Die neuen Produktions- und Informationstechnologien verwandeln signifikant und nachhaltig unsere industrielle Arbeitswelt. Politische und gesellschaftliche Veränderungen signalisieren und begleiten dabei einen Wertewandel, der auch in unseren Industriebetrieben deutlichen Niederschlag findet.

Die Aufgaben des Produktionsmanagements sind vielfältiger und anspruchsvoller geworden. Die Integration des europäischen Marktes, die Globalisierung vieler Industrien, die zunehmende Innovationsgeschwindigkeit, die Entwicklung zur Freizeitgesellschaft und die übergreifenden ökologischen und sozialen Probleme, zu deren Lösung die Wirtschaft ihren Beitrag leisten muß, erfordern von den Führungskräften erweiterte Perspektiven und Antworten, die über den Fokus traditionellen Produktionsmanagements deutlich hinausgehen.

Neue Formen der Arbeitsorganisation im indirekten und direkten Bereich sind heute schon feste Bestandteile innovativer Unternehmen. Die Entkopplung der Arbeitszeit von der Betriebszeit, integrierte Planungsansätze sowie der Aufbau dezentraler Strukturen sind nur einige der Konzepte, welche die aktuellen Entwicklungsrichtungen kennzeichnen. Erfreulich ist der Trend, immer mehr den Menschen in den Mittelpunkt der Arbeitsgestaltung zu stellen - die traditionell eher technokratisch akzentuierten Ansätze weichen einer stärkeren Human- und Organisationsorientierung. Qualifizierungsprogramme, Training und andere Formen der Mitarbeiterentwicklung gewinnen als Differenzierungsmerkmal und als Zukunftsinvestition in *Human Resources* an strategischer Bedeutung.

Von wissenschaftlicher Seite muß dieses Bemühen durch die Entwicklung von Methoden und Vorgehensweisen zur systematischen Analyse und Verbesserung des Systems Produktionsbetrieb einschließlich der erforderlichen Dienstleistungsfunktionen unterstützt werden. Die Ingenieure sind hier gefordert, in enger Zusammenarbeit mit anderen Disziplinen, z. B. der Informatik, der Wirtschaftswissenschaften und der Arbeitswissenschaft, Lösungen zu erarbeiten, die den veränderten Randbedingungen Rechnung tragen.

Die von den Herausgebern langjährig geleiteten Institute, das

- Institut für Industrielle Fertigung und Fabrikbetrieb der Universität Stuttgart (IFF),

- Institut für Arbeitswissenschaft und Technologiemanagement (IAT),

- Fraunhofer-Institut für Produktionstechnik und Automatisierung (IPA),

- Fraunhofer-Institut für Arbeitswirtschaft und Organisation (IAO) arbeiten in grundlegender und angewandter Forschung intensiv an den oben aufgezeigten Entwicklungen mit. Die Ausstattung der Labors und die Qualifikation der Mitarbeiter haben bereits in der Vergangenheit zu Forschungsergebnissen geführt, die für die Praxis von großem Wert waren. Zur Umsetzung gewonnener Erkenntnisse wird die Schriftenreihe „IPA-IAO - Forschung und Praxis" herausgegeben. Der vorliegende Band setzt diese Reihe fort. Eine Übersicht über bisher erschienene Titel wird am Schluß dieses Buches gegeben.

Dem Verfasser sei für die geleistete Arbeit gedankt, dem Springer-Verlag für die Aufnahme dieser Schriftenreihe in seine Angebotspalette und der Druckerei für saubere und zügige Ausführung. Möge das Buch von der Fachwelt gut aufgenommen werden.

H. J. Warnecke E. Westkämper H.-J. Bullinger

Vorwort des Verfassers

Die vorliegende Arbeit entstand während meines Promotionsstudiums am Institut für Industrielle Fertigung und Fabrikbetrieb der Universität Stuttgart sowie meiner anschließenden Tätigkeit als wissenschaftlicher Mitarbeiter am Fraunhofer Institut für Produktionstechnik und Automatisierung, ebenfalls Stuttgart. Das Promotionsstudium wurde durch die Hans-Böckler-Stiftung gefördert. Ihr bin ich für die erhaltene materielle und ideelle Unterstützung zu großem Dank verpflichtet. Herr Dr. sc. techn. Hubert Zeidler hatte mich ermutigt, das Thema der vorliegenden Arbeit zu bearbeiten. Ihm ist dieses Buch gewidmet.

Herrn Professor Dr.-Ing. Dr. h. c. Engelbert Westkämper gilt mein aufrichtiger Dank für die wertvollen Hinweise und die wohlwollende Förderung, welche die Anfertigung dieser Arbeit ermöglichte.

Herrn Professor Dr.-Ing. habil. Holger Dürr danke ich für die freundliche Übernahme und Anfertigung des Mitberichts.

Mein Dank gilt weiterhin Herrn Dr.-Ing. Rolf Steinhilper für seine enge fachliche Unterstützung sowie die umfassenden Anmerkungen zum Inhalt und der Gestaltung der Arbeit. Für die zahlreichen inhaltlichen Anregungen bedanke ich mich ebenfalls bei den Herren Dr. rer. pol. Dipl.-Wirtsch.-Ing. Ulrich Nissen, Dipl.-Ing. (FH) Andreas Becker und Dipl.-Ing. Klaus Teigelkamp.

Darüber hinaus geht mein Dank an alle Mitarbeiterinnen und Mitarbeitern des Fraunhofer Instituts für Produktionstechnik und Automatisierung, Stuttgart, bei denen ich inhaltliche und moralische Unterstützung fand. Mein besonderer Dank gilt hierbei den Herren Dipl.-Ing. Martin Hieber, Dipl.-Ing. (FH) Markus Hornberger und Dipl.-Ing. Detlev von der Osten-Sacken.

Stuttgart im Januar 1999

Andreas Friedel

Inhaltsverzeichnis

0 Verwendete Abkürzungen und Formelzeichen

η_{ET}	Bereitstellungswirkungsgrad eines Energieträgers
η_{M}	Materialausnutzungsgrad
ABS	Acrylnitril/Butadien/Styrol-Copolymer
BS_{Ist}	Ist-Anteil eines Begleitstoffs
BS_{RS}	Anteil eines Begleitstoffs im Rohstahl
BS_{Soll}	Soll-Anteil eines Begleitstoffs
b.z.w.	beziehungsweise
CSB	Chemischer Sauerstoffbedarf
d.h.	das heißt
EEA	Endenergieaufwand
EEV	Endenergieverbrauch
ELB	Elektrolichtbogen
FCKW	Fluor-Chlor-Kohlenwasserstoffe
KEA	Kumulierter Energieaufwand
KEA_{AA}	KEA der Aufarbeitung
KEA_{AB}	KEA der Aufbereitung
KEA_{D}	KEA der Demontage
KEA_{E}	KEA der Entsorgung
KEA_{G}	KEA während des Gebrauchs über die ursprüngliche Lebensdauer
KEA_{H}	KEA der Herstellung
$KEA_{H,SP}$	KEA der Herstellung des substituierten Produktes
$KEA_{H,S}$	KEA der Herstellung des Substituts
KEA_{R}	KEA des Recycling
KEA_{Rg}	KEA der Reinigung
KNA	Kumulierter nichtenergetischer Aufwand
LD	Lebensdauer
LD_{0}	Ursprüngliche Lebensdauer
LE_{Soll}	Soll-Anteil eines Legierungselements
LE_{Ist}	Ist-Anteil eines Legierungselements
LE_{LM}	Anteil eines Legierungselements im Legierungsmittel
LM	Legierungsmittel
m_{BT}	Masse eines Bauteils
m_{BT+}	Masse mehrerer Bauteile

m_{LM}	Masse des Legierungsmittels
m_{RS}	Masse des Rohstahls
m_S	Masse der Stahlschmelze
n_A	Anzahl der Aufarbeitungszyklen
n_{BT}	Anzahl der Bauteile
$n_{BT,D}$	Anzahl zu demontierender Bauteile
PEV	Primärenergieverbrauch
PEV_E	Primärenergieverbrauch bei der Entnahme
PEV_L	Primärenergieverbrauch beim Lösen
PA 66	Polyamid 66 (Polyhexamethylenazelainamid)
PC	Polycarbonat
PP	Polypropylen
PS-HI	Polystyren, hoch schlagzäh
PTFE	Polytetrafluorethylen
PVC	Polyvinylchlorid
z.B.	zum Beispiel

1 Aufgabenstellung und Ziele

1.1 Einleitung und Problemstellung

Mit der abfallrechtlichen und auch kreislaufwirtschaftlichen Prioritätenkette Vermeiden vor Verwenden vor Verwerten (Recycling) und Beseitigen ist das Recycling umweltpolitisch eingeordnet worden (§3 KRW/ABFG 1994). Während das ökologische Ideal des Vermeidens eine Reduzierung der Stoff- und Energieströme einer Industriegesellschaft, den teilweisen Verzicht auf Produktion und Konsum und somit ein Hinterfragen ihrer Wirtschaftsweise bedeutet, zielt das Recycling auf die Kreislaufführung der Stoffe zur Entlastung der Umwelt als deren Quelle und Senke ab. Die Beseitigung wird zukünftig eine Berechtigung bei Stoffen behalten, deren weitere Nutzung ökologisch riskant erscheint (§5 KRW/ABFG 1994).

Die Beziehungen zwischen Recyclingmaßnahmen und energetischen Aufwendungen für technische Stoffe und Produkte sind aufgrund der Substitution von Prozessen ihrer Neuherstellung durch Prozesse ihrer Behandlung zur erneuten Nutzung von enger Natur. So können dem Recycling bei der Herstellung eines technischen Gutes bis zu einer bestimmten Recyclingquote im allgemeinen energieeinsparende Effekte zugeordnet werden. Über diese Quote hinaus überwiegen die energetischen Aufwendungen für die Rückführung und Behandlung zum Recycling und streben immer gegen unendlich für eine Recyclingquote von 100 Prozent. Grund dafür ist die ständige Korrosion und Feinverteilung von Stoffen. Dieser Übergang vom verfügbaren in einen unverfügbaren Zustand kann mit dem Entropiebegriff verglichen und beschrieben werden (GEORGESCU-ROEGEN 1987).

Die zunehmende Weiterentwicklung von Recyclingprozessen hat eine Erhöhung der Recyclingquoten bei Reduzierung der damit verbundenen Kosten zum Ziel. Eine Entwicklung hin zu ökologisch optimalen Prozessen, wofür der Energieaufwand den bedeutendsten Indikator darstellt, erfolgt damit nicht zwangsläufig. Externalisierte Umweltkosten sowie eine bisher nur allgemeine Formulierung kreislauf- und abfallwirtschaftlicher Prioritäten seitens des Gesetzgebers machen es demnach notwendig, Recyclingprozesse hinsichtlich umweltbezogener physikalischer

Parameter näher zu untersuchen und die dabei gewonnenen Erkenntnisse entscheidungsorientiert nutzbar zu machen.

Eine wesentliche Rolle zur Steigerung der Recyclingquote ohne höheren technischen, wirtschaftlichen und energetischen Aufwand fällt der Produktgestaltung aufgrund ihres Einflusses auf die Verfügbarkeit von Bauteilen und Werkstoffen für Prozesse der Kreislaufwirtschaft zu. Das wirkt sich gleichermaßen auf die energetischen Aufwendungen des Recyclings aus. Die Intention lautet hierbei, einem energetisch optimierten Recycling konstruktiv am Produkt den Weg zu ebnen.

1.2 Zielsetzung

Ziel der vorliegenden Arbeit ist das Herausarbeiten des Einflusses von Gestaltsmerkmalen maschinenbaulicher Produkte auf den Energieaufwand beim Recycling mechanischer Bauteile und Baugruppen als Beitrag zur Bewertung und Gestaltung von Stoffströmen aus umweltorientierter Sicht. Dazu werden die zugehörigen Recyclingoptionen energetisch untersucht. Hierbei sollen die Wechselwirkungen zwischen der Gestalt mechanischer Bauteile und Baugruppen und den energetischen Auswirkungen beim Recycling erfasst werden, um in einem weiteren Schritt Empfehlungen für ihre energieoptimal recyclingorientierte Gestaltung zu formulieren, deren Anwendung im Konstruktionsprozess zu verdeutlichen und einzuordnen.

Mit der Konzentration auf mechanische Bauteile und Baugruppen soll die Arbeit gleichermaßen die bedeutendsten Recyclingprozesse für maschinenbauliche Produkte untersuchen. Betrachtet werden Stahl- und Aluminiumlegierungen als die Hauptwerkstoffgruppen im Maschinenbau sowie technische Thermoplaste aufgrund ihrer immer breiteren Anwendung in maschinenbaulichen Produkten (Bild 1). Die Betrachtung erfolgt auf Bauteil- und Baugruppenebene, um die Gestaltseinflüsse, wie Trenn- und Separierbarkeit, und Werkstoffkombinationen erfassen zu können und folglich Empfehlungen für die Gestaltung ableiten zu können.

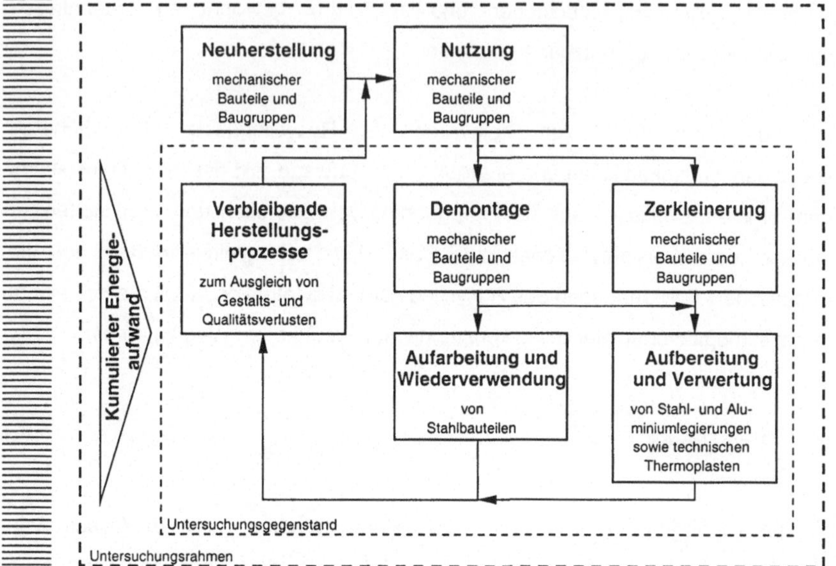

Bild 1: Rahmen und Gegenstand der Untersuchungen in der vorliegenden Arbeit

Als Recyclingoptionen sind über die genannten Werkstoffgruppen die werkstoffliche Verwertung und für technische Thermoplaste zusätzlich die rohstoffliche und thermische Verwertung einschließlich der notwendigen Trenn- und Sortierprozesse Gegenstand der Untersuchung. Als weitere Recyclingoption, die gleichzeitig als typisch für maschinenbauliche Produkte zu bezeichnen ist, wird die Aufarbeitung von Bauteilen aus Stahl bei vorheriger Untersuchung von Demontageprozessen in die energetischen Untersuchungen einbezogen.

1.3 Vorgehensweise

Zunächst wird der Stand der Erkenntnisse beim Recycling und der recyclingorientierten Produktgestaltung maschinenbaulicher Produkte sowie bei der energetischen Bewertung als umweltorientierten Analyseansatz für technische Systeme vorgestellt. Mit dem Stand der Erkenntnisse, deren Anwendbarkeit aussagefähig diskutiert wird, erfolgt gleichzeitig eine Einführung in den Untersuchungsgegenstand und die Untersuchungsmethode der Arbeit.

Im folgenden methodischen Teil wird das energetische Untersuchungsmodell entwickelt und der Untersuchungsrahmen um die Recyclingoptionen näher definiert. Weiterhin erfolgt eine systematische Abstraktion maschinenbaulicher Produkte als Recyclingobjekt anhand struktureller Gliederungskriterien, wobei die für die vorliegende Arbeit festgelegte Sytemgrenze hergeleitet wird. Die Recyclingobjekte für die weiteren Untersuchungen werden, ausgehend von der Zielstellung, noch einmal präzisiert.

Die energetische Untersuchung des Zerlegens und Zerteilens maschinenbaulicher Produkte bildet den ersten Abschnitt des analytischen Teils. Hierbei werden Einflüsse der Auswahl der Verbindungstechnik sowie der Aufschließbarkeit auf den Energieaufwand der Demontage und Zerkleinerung untersucht.

Der zweite und gleichzeitig umfangreichste Abschnitt des analytischen Teils der Arbeit befaßt sich zuerst mit der energetischen Untersuchung der Aufarbeitung von Bauteilen aus Stahl. Daran schließen sich die energetischen Untersuchungen der Aufbereitung und Verwertung von Stahl- und Aluminiumlegierungen aus sich im Verbund befindlichen Bauteilen an. Es werden jeweils Einflussfaktoren der Produktgestalt auf den Energieaufwand beim Recycling ermittelt und entsprechende Schlussfolgerungen für den Einsatz der untersuchten Werkstoffe in maschinenbaulichen Produkten formuliert. Dasselbe erfolgt zuletzt am Beispiel von technischen Thermoplasten unter Einbeziehung ihrer rohstofflichen und thermischen Verwertung.

Im Anschluss an den analytischen Teil der Arbeit wird die Vorgehensweise bei der energetischen Bewertung in einem Fallbeispiel anhand zweier technischer Produkte demonstriert und es werden die recyclingbezogenen Einflussfaktoren diskutiert. Im darauffolgenden Kapitel werden Instrumente des methodischen Konstruierens angewendet, um die im analytischen Teil der Arbeit gewonnenen Erkenntnisse als Empfehlungen für den Konstruktionsprozess nutzbar zu machen.

2 Stand der Erkenntnisse

2.1 Recycling maschinenbaulicher Produkte

2.1.1 Begriffsdefinitionen beim Recycling

Im Rahmen verschiedener Arbeiten zum Recycling maschinenbaulicher Produkte wurden technische und wirtschaftliche Begriffe, Bedingungen und Kenngrößen herausgearbeitet (JORDEN 1979, WEEGE 1981, WARNECKE 1982, MEYER 1983, JORDEN 1984, KÄUFER 1989, POURSHIRAZI 1987, STEINHILPER 1988). Die Begriffe sind in der VDI-Richtlinie 2243 niedergelegt (VDI 2243). Demnach kann Recycling - als erneute Verwendung oder Verwertung von Produkten oder Komponenten in Kreisläufen - nach Kreislaufarten, Recyclingformen und Recyclingbehandlungsprozessen unterschieden werden.

Die Unterscheidung in Kreislaufarten richtet sich an den „umkreisten" Produktlebensphasen aus. Stoffe und Komponenten, die im Verlauf der Produktion rückgeführt werden, durchlaufen das Produktionsabfallrecycling. Das Recycling während des Produktgebrauchs und das Altstoffrecycling setzen nach mindestens einer Gebrauchsphase an und schleusen die Rückläufe in den Gebrauch bzw. in die Produktion ein.

Recyclingformen definieren sich an gestaltsbezogenen, chemischen und funktionalen Veränderungen der jeweils im Kreis geführten Komponente. Bleibt die Gestalt formgebundener Teile beim Recycling erhalten, spricht man von einer erneuten Verwendung; wird sie zerstört, von einer Verwertung. Bleibt die ursprüngliche Funktion einer formgebundenen oder formlosen Komponente nach dem Recycling erhalten, finden eine Wiederverwendung oder Wiederverwertung statt. Ist das nicht der Fall, spricht man von Weiterverwendung bzw. Weiterverwertung.

Je nach Verwendung oder Verwertung durchlaufen Recyclingobjekte in der Regel Behandlungsprozesse, die man der Aufarbeitung oder Aufbereitung zurechnet. Bei der Aufarbeitung überwiegen fertigungstechnische Prozesse, während die Aufbereitung zumeist durch verfahrenstechnische Prozesse realisiert wird.

Über die in der VDI 2243 niedergelegten, qualitativen Beschreibungen hinaus sind bereits quantitative Beschreibungsmöglichkeiten des Recyclings definiert und in der Einleitung der vorliegenden Arbeit verwendet worden. Demnach kann der Recyclingerfolg durch die Rückführrate und die Recyclingquote beschrieben werden (STEINHILPER 1988).

Ausgehend vom Gesamtaufkommen einer recyclingfähigen Komponente aus dem Gebrauch gibt die Rückführrate den Anteil des dem Recycling zugeführten Mengenanteils der ursprünglichen Produkt- bzw. Stoffmenge an. Wesentliche Stellgrößen der Rücklaufrate sind die technische Machbarkeit aufgrund fein verteilter Bestandteile der Komponente durch Abrieb oder Korrosion sowie der Bedarf an dieser Komponente im rückgeführten Zustand. Dieser Bedarf hängt, neben wirtschaftlichen Randbedingungen, von der Recyclingquote des Behandlungsprozesses ab.

Die Recyclingquote gibt den Anteil rückgeführter Komponenten am Gesamtinput eines Prozesses an. Stellgrößen der Recyclingquote sind technische und wirtschaftliche Grenzen der Behandlungsprozesse und wiederum das Angebot an rückgeführten Komponenten. Deckt sich bei konstanter Gesamtmenge die Rückführrate mit der Recyclingquote, kann von einem stationären Stoffstromzustand gesprochen werden. Dieser stellt sich praktisch nicht ein, weil der wechselnde Bedarf an Wirtschaftsgütern eine ständige Änderung der Gesamtmenge bedeutet und sich aufgrund der Gebrauchsdauer zeitversetzt auf die Menge rücklaufender Güter auswirkt.

2.1.2 Produktrecycling im Maschinenbau

Das Recycling während des Produktgebrauchs, auch und im folgenden mit Produktrecycling bezeichnet, wird im Maschinenbau durch die Austauscherzeugnisfertigung realisiert (WARNECKE 1984). Die wesentlichen Fertigungsschritte sind dabei in dieser Reihenfolge Demontage, Reinigen, Prüfen und Sortieren, Aufarbeiten bzw. Neuteilersatz und Wiedermontage. Sie erfolgen am gesamten Produkt und zumeist in Serie, wodurch die Aufarbeitung von der Instandhaltung technisch und organisatorisch abgegrenzt werden kann (STEINHILPER 1988). Die

Aufarbeitung auf Bauteilebene wird auch als Einzelteilinstandsetzung oder Regenerierung bezeichnet (KUNZMANN 1989, HILBIG 1990).

Beim Produktrecycling bleibt das Wertpotential des Produktes durch das Beibehalten der Teilegestalt weitestgehend erhalten. Es kann als potentiell wirtschaftlich eingeschätzt werden, wenn ein hoher Fertigungswert im Vergleich zum Materialwert und Montagewert vorliegt (STEINHILPER 1988). Allerdings sollten weitere technische, organisatorische und wirtschaftliche Randbedingungen gegeben sein, um diesen Vorteil nutzbar zu machen (Bild 2).

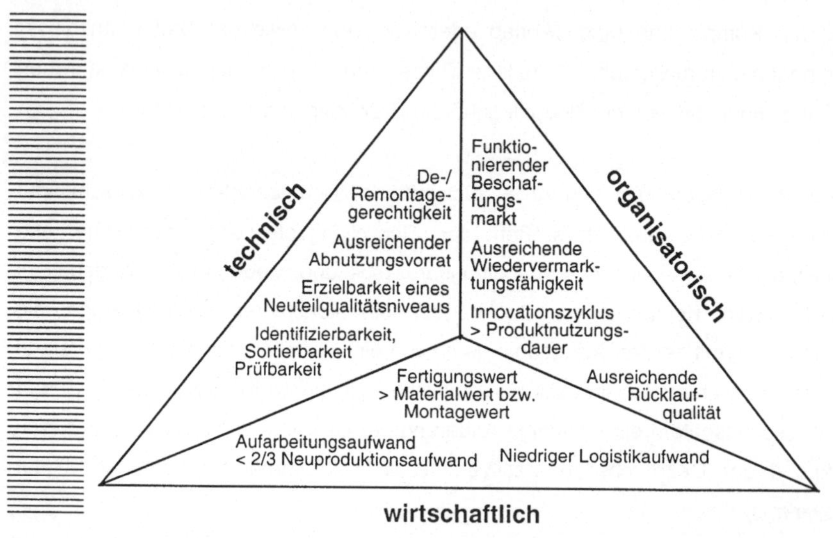

Bild 2: Randbedingungen einer erfolgreichen Aufarbeitung (nach STEINHILPER 1988)

Anhand dieser Randbedingungen lassen sich Entscheidungsregeln für eine Aufarbeitung oder Aufbereitung aufstellen. Diese Entscheidung sollte bereits im Zuge der Produktentwicklung oder einer Überarbeitung gefällt werden, um rechtzeitig gestalterischen Einfluss auf die Aufarbeitungseignung des Produkts nehmen zu können (WENDE 1994).

2.1.3 Materialrecycling maschinenbaulicher Produkte

Das Recycling nach dem Produktgebrauch wird auch als Altstoff-Recycling oder Materialrecycling bezeichnet (VDI 2243). Letztere Bezeichnungen verdeutlichen, dass dazu die Produktgestalt zur Verwertung der Werkstoffe aufgelöst wird. Das geschieht zumeist durch Verfahren der mechanischen Aufbereitung von der Zerkleinerung der Produkte bis hin zur Separation der Werkstoffe.

Maschinenbauliche Produkte sind durch einen hohen Anteil metallischer Werkstoffe gekennzeichnet, deren Verwertung als Schrott oftmals mit ihren Herstellungstechnologien verbunden ist. Die Aufbereitung maschinenbaulicher Produkte ist daher im wesentlichen auf die Separation metallischer Altstoffe ausgerichtet (Bild 3). Die einzelnen Verfahrenstechniken entstammen der Aufbereitung von Roh- und Grundstoffen und wurden für die Schrottwirtschaft weiterentwickelt (SCHUBERT 1984).

Angefangen mit der Zerkleinerung im Shredder zeigt die Separation eisenmetallischer Werkstoffe eine typische Prozessfolge auf, die sich aufgrund des überwiegenden Anteils an Altautos als aufzubereitende Produkte herauskristallisiert hat. Die Zerkleinerung schwerer Schrotte erfolgt darüber hinaus durch Schrottscheren oder Schienenbrecher. Die Separation von Bunt- und Leichtmetallen aus dem Shreddergrobmüll konzentriert sich vorwiegend auf Kupfer und Aluminium. Für die Separation von Kupfer kommen verschieden weit entwickelte Technologien zur Anwendung, angefangen von der händischen Klaubung am Sortierband bis hin zur Abscheidung mittels Wirbelstrom. Die Separation von Aluminiumschrott wird aufgrund seiner signifikanten Dichte vorwiegend durch Schwimm-Sink-Trennung in FeSi-Trüben durchgeführt.

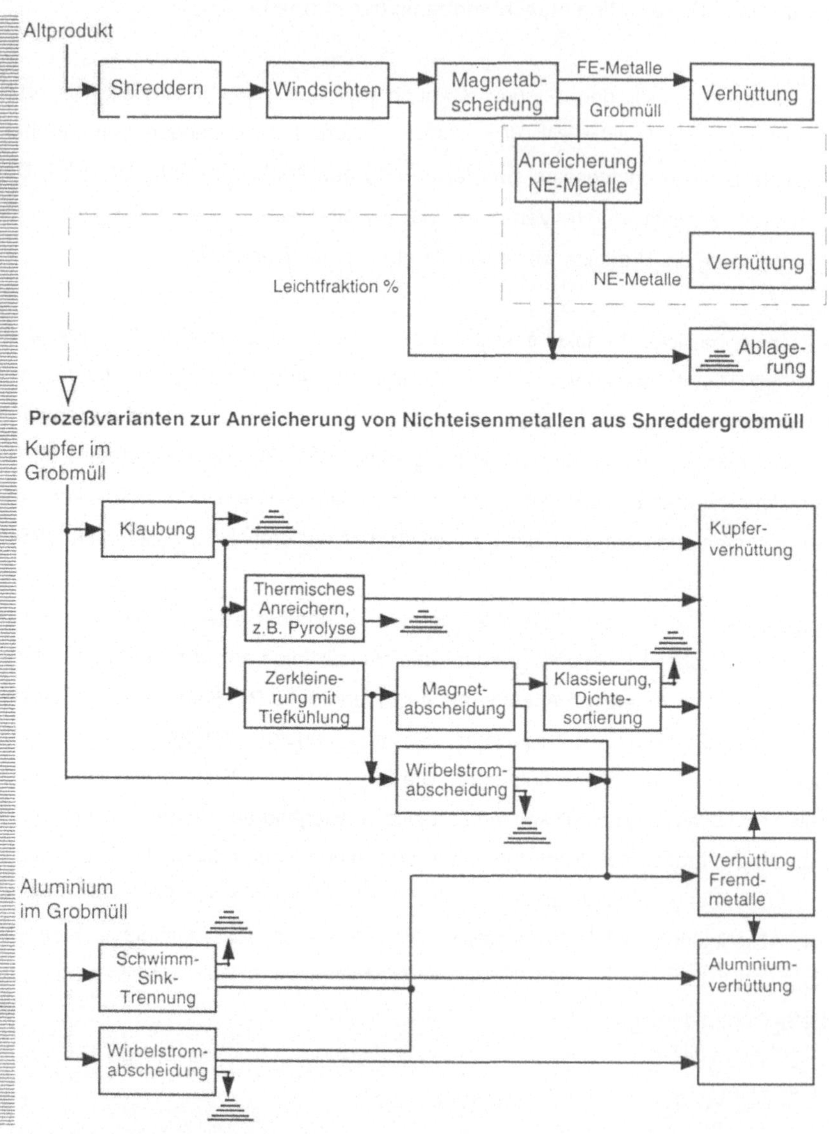

Bild 3: Materialfluss der Aufbereitung und Verwertung maschinenbaulicher Altprodukte (nach HÄRDTLE 1994, SCHUBERT 1984)

Wachsende Anteile an Elektronik und technischen Kunststoffen in maschinenbaulichen Produkten haben in jüngerer Zeit zur Entwicklung spezieller

Aufbereitungstechnologien zur Separation dieser Materialien geführt. So werden Kupferwerkstoffe aus Elektronikschrotten pyrolytisch oder durch Feinstmahlung der Schrotte gewonnen (ANGERER 1993, LEIMEROTH 1995, NRW 1995). Für das Recycling technischer Kunststoffe bestehen durch ihre chemische Beschaffenheit mehrere Verwertungsoptionen, von deren Auswahl die Qualität des aufbereiteten Altmaterials stark abhängt (VDI 2243, MENGES 1991, TILTMANN 1993, MARTIN 1993). Die werkstoffliche, sortenreine Kunststoffverwertung stellt dabei höchste Ansprüche, die in der Regel nur durch eine manuelle Separation der Altkunststoffteile befriedigt werden können (MEYER 1992, BLAAS 1993, NOWAK 1995).

2.2 Recyclingorientierte Gestaltung maschinenbaulicher Produkte

2.2.1 Grundlagen und Regelwerke für eine recyclingorientierte Produktgestaltung

Der Recyclingerfolg der fertigungstechnischen Aufarbeitung oder verfahrenstechnischen Aufbereitung wird durch die Produktgestalt maßgeblich beeinflusst. Viele Grundlagen und Regeln sind dazu in der Vergangenheit entwickelt worden und in der VDI 2243 niedergelegt (JORDEN 1979, WEEGE 1981, WARNECKE 1982, MEYER 1983, STEINHILPER 1988, KÄUFER 1989). Mit dem Inkrafttreten des Kreislaufwirtschafts-/Abfallgesetzes wurde der Prozess eingeleitet, den Herstellern die Verantwortung für ihr Produkt auch nach dessen Gebrauch und somit über den gesamten Lebenszyklus zu übertragen und die recyclingorientierte Produktgestaltung als Kostenfaktor zu internalisieren. Traditionelle Anforderungen an die Produktgestalt, die vor allem während der Produktion und des Gebrauchs wirksam sind, wurden so um einen neuen Bereich ergänzt, für den die Querschnittsanforderungen Sicherheit, Kosten und Umweltverträglichkeit natürlich ebenso gelten (Bild 4).

Was an Teilen und Werkstoff eingespart werden kann, braucht nicht beim Recycling behandelt zu werden. Neben diesem Minimierungsgrundsatz leiten sich die Anforderungen der recyclingorientierten Produktgestaltung vor allem aus der technischen und wirtschaftlichen Begünstigung der jeweiligen Behandlungsprozesse ab. Entsprechende Regelwerke sind dementsprechend in Verbindung mit eingehenden Untersuchungen der jeweiligen Technologien entwickelt worden

(MEYER 1983, POURSHIRAZI 1987, STEINHILPER 1988, BRINKMANN 1994). Aufgrund bestimmter Zielkonflikte zwischen einer aufarbeitungsgerechten und aufbereitungsgerechten Produktgestaltung sollte die Recyclingstrategie daher möglichst während des Konstruktionsprozesses geklärt werden (WENDE 1994, BECKER, A. 1995).

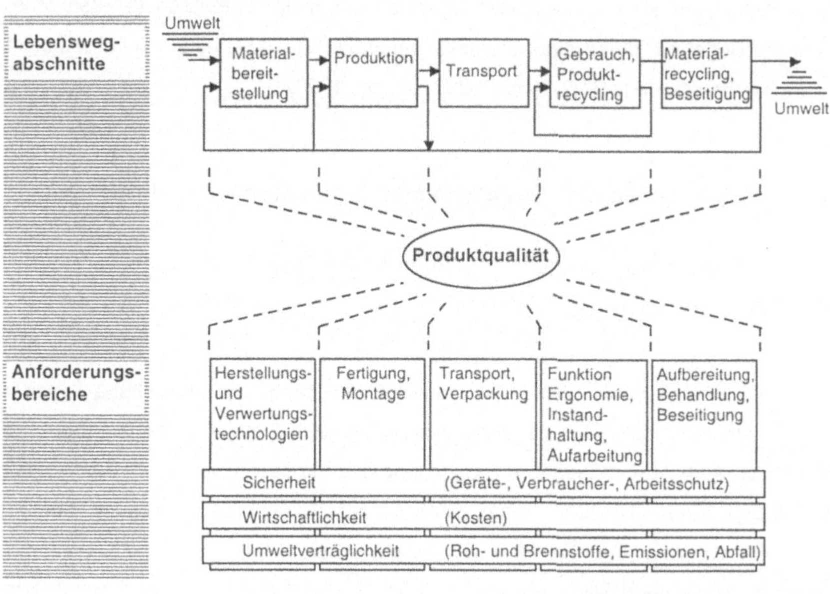

Bild 4: Lebenswegabschnitte und Anforderungsbereiche für technische Produkte

Fortentwicklungen in den Recyclingtechnologien sowie neue Werkstoffe und Gestaltungstrends machen eine kontinuierliche Aktualisierung der Anforderungen der recyclingorientierten Produktgestaltung notwendig. Dabei müssten entsprechende Entwicklungen sogar vorweggenommen werden, da zwischen der Produktentwicklung und dem Recycling während und nach dem Produktgebrauch vor allem bei langlebigen Produkten erhebliche Zeitspannen liegen können. Das hat zu dem Grundsatz geführt, sich durch eine umfassende Berücksichtigung recyclingorientierter Anforderungen während des Konstruktionsprozesses auf der sicheren Seite zu bewegen (IPA 1993).

Der Schwerpunkt jüngerer Arbeiten zur recyclingorientierten Produktgestaltung liegt auf der Systematisierung und Konkretisierung vorhandener Anforderungssammlungen. Systematisierung bedeutet hier vor allem, die Anforderungen gemäß den Phasen des Konstruktionsprozesses zu strukturieren und so ihre Handhabbarkeit und Umsetzungswahrscheinlichkeit zu erhöhen. Strukturmerkmale sind, neben den Phasen der Konstruktion, auch ihre Teilaufgaben bzw. Handlungsfelder (VDI 2221, WENDE 1994, FRIEDEL 1996). Die zunehmende Konkretisierung der Anforderungen für bestimmte Produktgruppen ist darauf ausgerichtet, spezifische und möglichst messbare Kriterien für Prüf- und Normungszwecke zu formulieren (IPA 1994).

2.2.2 Instrumente der recyclingorientierten Produktgestaltung

Die Entwicklung von Instrumenten zur recyclingorientierten Produktgestaltung ist eng mit dem Ziel verbunden, die Anforderungen für die Beteiligten des Konstruktionsprozesses nutzbar zu machen. Über eine Systematisierung und Konkretisierung der Anforderungen hinaus geht es dabei um die Berücksichtigung des Tätigkeitscharakters sowie der Infrastruktur der Konstruktion.

Unabhängig von den Phasen des Konstruktionsprozesses wird er von zwei Tätigkeiten unterschiedlichen Charakters bestimmt: die Synthese und die Bewertung von Konstruktionsvarianten (ROTH 1982). Instrumente des methodischen Konstruierens lassen sich ihrer Ausrichtung nach dementsprechend einteilen (Bild 5).

Unter den handlungsorientierten Instrumenten der recyclingorientierten Produktgestaltung haben sich Anforderungslisten in unterschiedlichem Rahmen praktisch bewährt und werden teilweise als Normen eingesetzt (SIEMENS 1993). Aktuelle Konzepte ordnen die Anforderungen bestimmten Bauteilmerkmalen zu, um ihre schnellere und gezieltere Anwendung zu ermöglichen (FRIEDEL 1996).

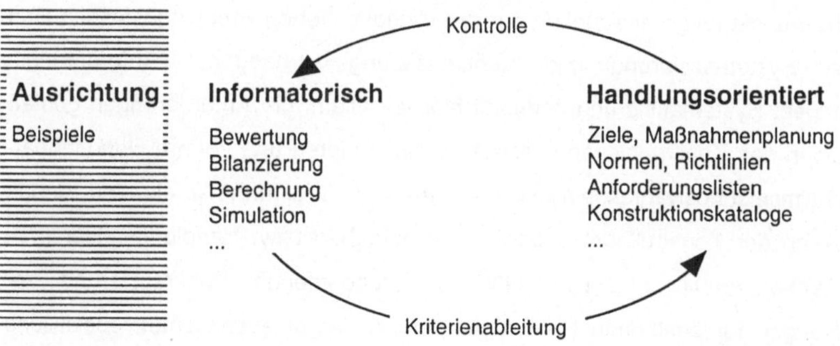

Bild 5: Einteilung von Instrumenten des methodischen Konstruierens nach ihrer Ausrichtung

Bewertungsinstrumente der recyclingorientierten Produktgestaltung bauen durchweg auf Anforderungslisten auf. Für Prüfungszwecke, d.h. die Orientierung an einem Absolutmaß, sind sie in Form von Checklisten mit Ja/Nein-Abfragen oder ähnlich einfacher Systematik entwickelt worden (IPA 1994, BRINKMANN 1994). Differenziertere Bewertungsinstrumente für eher vergleichende Bewertungen von Konstruktionsvarianten orientieren sich hingegen an skalierten, zumeist nutzwertanalytischen Bewertungssystemen (VDI 2225, ZANGEMEISTER 1970). Die Vorteile einer differenzierten Systematik werden allerdings durch subjektive Einflüsse aufgrund der notwendigen Festlegung von Erfüllungsgraden, Skalierungen und Gewichtungen annähernd kompensiert. Das geht zu Lasten der Transparenz solcher Systeme und schränkt ihre verbreitete Akzeptanz ein.

Entwicklungs- und Konstruktionsarbeiten werden durch eine Infrastruktur unterstützt, die seit längerem von der Informationstechnik geprägt ist. Dementsprechend wurden Anforderungslisten und darauf aufbauende Bewertungssysteme als rechnergestützte Instrumente entwickelt (WENDE 1994). Ihre Anwendung im Konstruktionsprozess ist somit auch davon abhängig, wie stark die Informationstechnik über die Formgestaltung hinaus auch konstruktionsmethodisch eingesetzt wird (KICKERMANN 1995).

2.3 Bewertung technischer Systeme nach dem Energieaufwand

2.3.1 Begriffsdefinitionen bei der energetischen Bewertung

Produkte und Stoffströme können mit dem Ziel einer nachhaltigen Wirtschaftsweise in Kreisläufen geführt und mehrfach genutzt werden. Arbeitsfähige Energie, die dafür aufgewendet wird, geht hingegen zumeist als Abwärme in eine nicht mehr nutzbare Form über und so einer weiteren Nutzung verloren. Die Höhe der Energieaufwendungen ist von der Gestaltung der Produkte und Prozesse abhängig. Bei der energetischen Bewertung technischer Systeme werden diese Aufwendungen für vergleichbare Produkt- und Prozessalternativen identifiziert und bezogen auf diese Alternativen zu einer Größe zusammengefasst.

Um die Größe einer energetischen Bewertung der Herstellung von Produkten zu beschreiben, wurden mehrere Begriffe geprägt. So sollte der "Kumulierte Energieverbrauch" eines Produktes die Aufsummierung der in den einzelnen Herstellungsprozessen ermittelten Energieaufwendungen zu einem Wert verdeutlichen (SCHAEFER 1980, HARTMANN 1986). Mit der synonymen Begriffsprägung "Vergegenständlichter Energieverbrauch" wurde betont, dass dieser aufsummierte Energieaufwand seinem Zweck nach im Produkt festgeronnen ist und nicht mehr arbeitsfähige Energie darstellt (RICHTER 1976). Um die Nutzung und Beseitigung des Produktes erweitert, wurde der "Kumulierte Energieaufwand" (KEA) definiert, der auch die im Produkt enthaltene arbeitsfähige Energie berücksichtigt (HAGEDORN 1992, VDI 4600). Hierbei erfolgte ein methodischer Angleich an das Konzept der Produkt-Ökobilanzen (DIN 1994).

Der Begriff des kumulierten Energieaufwands wird heute allgemein anerkannt verwendet für die Gesamtheit des primärenergetisch bewerteten Aufwands der Bereitstellung einer bestimmten Funktion durch ein Produkt oder eine Dienstleistung (VDI 4600). Er bezieht alle energetisch und nichtenergetisch eingesetzten Primärenergieträger über alle Produktlebensphasen in die Bewertung ein, wobei endgültige Festlegungen im Rahmen der Auswahl des Energiemodells und der Systemgrenzen des Bilanzgegenstands zu treffen sind.

Der kumulierte Energieaufwand wird in Primärenergie ausgewiesen. Die in technischen Prozessen benötigte Energie wird allerdings in Form von Endenergieträgern zugeführt, so dass deren Bereitstellung aufgrund von Umwandlungsverlusten, Transportaufwendungen und dem Bau notwendiger Betriebsmittel ebenfalls berücksichtigt werden muss. Für die Bereitstellung nichtenergetisch genutzter Rohstoffe gilt gleiches. Das hat zur Festlegung von Nutzungsgraden geführt, indem der Heizwert des bereitgestellten Endenergieträgers oder Stoffs auf den kumulierten Energieaufwand seiner Bereitstellung bezogen wird (HARTMANN 1986, HERLAN 1989). Über ihre Bereitstellungsnutzungsgrade sind somit jegliche Energieträger primärenergetisch vergleichbar und kumulierbar.

Die Ermittlung des kumulierten Energieaufwands kann durch die Methoden der Prozesskettenanalyse sowie der Input-Output-Analyse erfolgen. Während die Prozesskettenanalyse das Produkt als Ergebnis kettenförmig durch Stoffströme verknüpfter Prozesse darstellt, stützt sich die Input-Output-Analyse auf volkswirtschaftliche Verflechtungen der Wirtschaftssektoren und Angaben aus der nationalen Energiestatistik (VDI 4600). Bei Verwendung der Prozesskettenanalyse ist zu klären, inwieweit Kuppelprodukte und Stoffrückführungen behandelt werden. Die Auswahl der verwendeten Methode ist begründet zu treffen.

2.3.2 Bedeutung des Energieaufwands als ökologischer Indikator

War der Energieaufwand zu Zeiten der Erdölkrise in den siebziger Jahren ein wesentlicher Parameter zur Bewertung der Ressourcenschonung, so stehen heute die mit ihm verbundenen Emissionen im Vordergrund seiner Interpretation. Durch die rasante Entwicklung des Konzeptes der Produkt-Ökobilanzen, bei denen möglichst alle Umweltwirkungen technischer Systeme bewertet werden sollen, muss die Rolle des Energieaufwands als ökologischer Indikator transparent dargestellt werden.

Ökologische Indikatoren sollen möglichst quantitativ die Beeinflussung ökologischer Systeme durch technische Systeme beschreiben. Ausgehend von zu schützenden Umweltgütern können Umweltwirkungen, die sie beeinflussen, definiert und auf elementare Stoffflüsse zurückgeführt werden. Diese Systematik wird derzeit im Ökobilanzkonzept verfolgt (KLÖPPFER 1995). Es ist die etablierte Praxis, dass der kumulierte Energieaufwand in diesem Rahmen vielfach als Messgröße für die energetisch genutzten Inputs verwendet wird (LUNDHOLM 1986, HABERSATTER 1991, BOUSTEAD 1993). Er gibt allerdings keine Wirkung an sich wieder, weil erst die Einbeziehung der Knappheit energetischer Ressourcen (Brennstoffknappheit) die Beeinträchtigung zu schützender Umweltgüter widerspiegelt (Tabelle 1).

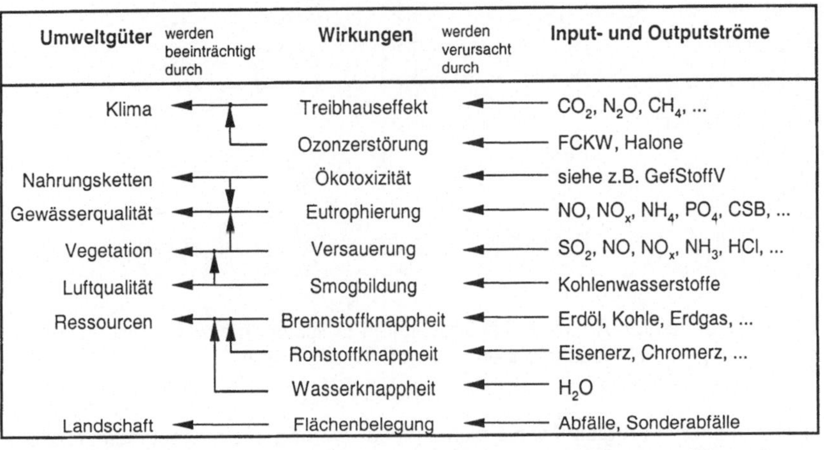

Tabelle 1: Kategorien ausgewählter Umweltwirkungen und Elementarflüsse der Ökobilanz (KLÖPPFER 1995)

Umweltbeeinflussungen werden allerdings nicht unabhängig voneinander verursacht, sondern stehen durch die Transformation von Stoffen sowie Energie zur Erzeugung eines Produktes oder einer Dienstleistung in einem engen Zusammenhang. Sie lassen sich dementsprechend prozessbedingten (bzw. technologisch bedingten) und energiebedingten Ursachen zuordnen, auch wenn diese Trennung, wie etwa bei der Stahlerzeugung, wo Kohle als Reduktionsmittel und Energieträger funktioniert, nicht immer gelingt (FRITSCHE 1989). Diese Unterscheidung zeigt bei maschinenbaulichen Werkstoffen, dass energiebedingte Anteile an Emissionen, die auch prozessbedingt verursacht werden, mit wenigen Ausnahmen überwiegen (Bild 6).

Nicht nur bei Energieumwandlungsprozessen, sondern auch bei Transportprozessen und Prozessen der Fertigungstechnik sind global und regional wirksame Emissionen fast ausnahmslos energiebedingt. Das gilt bevorzugt für die BRD aufgrund ihrer Primärenergieträgerstruktur. Die Energieverwendung ist dementsprechend auch als

Umweltproblemfeld bzw. pauschale Umweltwirkung bezeichnet worden (KLÖPPFER 1995).

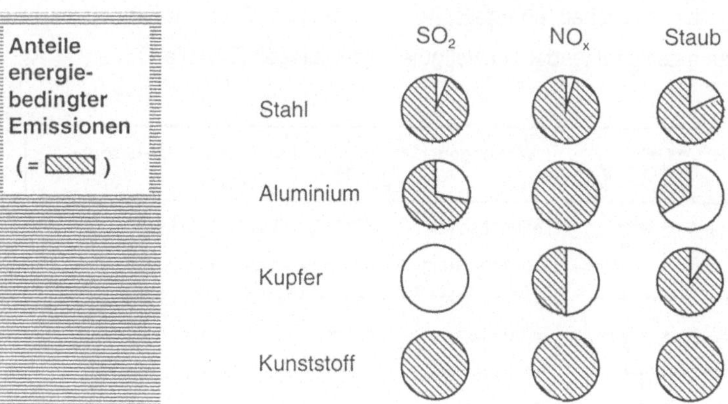

Bild 6: Energiebedingte Anteile bei ausgewählten Emissionen zur Herstellung von Werkstoffgruppen des Maschinenbaus (nach FRITSCHE 1989)

Vom kumulierten Energieaufwand nicht erfasst werden prozessbedingte toxische Emissionen zum Beispiel aus Prozessen der Oberflächenbeschichtung. Sie sind räumlich eng begrenzt wirksam und standortbezogen von Bedeutung. Bezogen auf ganze Lebenswege maschinenbaulicher Produkte ist ihre Bedeutung eher als gering zu bezeichnen (IPA 1997). Der mineralische Rohstoffverbrauch und Abfallströme lassen sich, bezogen auf Produktlebenswege, mit dem Energieaufwand ebenfalls kaum abbilden, auch wenn durch kreislaufwirtschaftliche Prozesse ein Zusammenhang besteht. Neben dem kumulierten Energieaufwand kann daher die Materialintensität (MIPS) als komplementäre Größe verwendet werden, die den Materialaufwand über den Produktlebensweg kumuliert (SCHMIDT-BLEEK 1994, WEIZSÄCKER 1995).

Die Vorgehensweise bei der Bewertung nach dem kumulierten Energieaufwand gleicht weitestgehend den ersten Schritten des Ökobilanzkonzepts bis zur Prozesskettenanalyse. Die Bilanzierung unterscheidet sich dahingehend, dass beim kumulierten Energieaufwand alle Prozessinputs energetisch bewertet und dem gewünschten Prozessoutput zugewiesen werden. Eine Aggregation der Daten kann aufgrund der einheitlichen energetischen Dimension, ähnlich einer Kostenbewertung, ohne methodische Zwischenschritte erfolgen. Hierin steckt auch der methodische Vorteil gegenüber dem Ökobilanzkonzept, das Elementarflüsse bilanziert und diese für eine Aggregation methodisch vergleichbar machen muss. Das MIPS-Konzept aggregiert hingegen unterschiedliche Stoffe, ohne sie vergleichbar zu machen.

Zusammenfassend ist anzuerkennen, dass der Energieaufwand den Großteil ökologischer Wirkungen ganzer Produktlebenswege erfasst und so deren Prozessketten einer ökologischen Bewertung, wenn auch unter Ausschluss prozessbedingter Einflüsse, zugänglich macht. Darüber hinaus ist er mit dem Ökobilanz-Konzept kompatibel und wird dort als pauschaler Wirkungsparameter, beipielsweise für Screening-Bilanzen, auch verwendet (KANIUT 1996, IPA 1997).

2.3.3 Berücksichtigung des Recycling bei der energetischen Bewertung technischer Systeme

Mit der Erweiterung des kumulierten Energieaufwands auf den gesamten Lebenszyklus von Produkten wurde, unter Angleich an das Ökobilanz-Konzept, das Recycling und die Entsorgung von Produkten in die Betrachtung einbezogen. Dazu wurden zunächst Entsorgungspfade vorwiegend für Hausmüll energetisch untersucht (MAUCH 1993). Jüngere Arbeiten zur energetischen Bewertung ganzer Produktlebenswege, wie der PKW-Nutzung, umfassen zusätzlich Aufarbeitungs- und Recyclingprozesse (HOFFMANN 1995a, HOFFMANN 1995b). Ökobilanzen für Produktlebenswege beziehen Recycling- und Entsorgungsprozesse prinzipiell ebenfalls ein. Produktalternativen werden hier „von der Wiege bis zur Bahre“, d.h. von der Rohstoffgewinnung bis zur Entsorgung, bilanziert. Das Recycling wird darin über Recyclingquoten berücksichtigt oder für die Herstellung eines Folgeprodukts verrechnet und so eine Gutschrift erzeugt.

Lebenswegbetrachtungen ausgewählter technischer Produkte verdeutlichen, dass die mit dem Recycling verbundenen Lebenswegphasen - Materialbereitstellung, Produktherstellung, Entsorgung - energetisch unterschiedlich ins Gewicht fallen (Bild 7). Entscheidend hierfür ist der Anteil der Nutzung am kumulierten Energieaufwand. Dieser Anteil fällt bei PKW und Haushaltgeräten, wie Waschmaschinen, außerordentlich hoch aus, ist jedoch bei vielen technischen Produkten gleich Null, wenn für ihren Gebrauch keine industriell erzeugten Energieträger eingesetzt werden müssen.

Die absoluten Energieaufwandsangaben bei Hochrechnung auf den inländischen Bestand an diesen Produkten zeigen die Bedeutung der recyclingsensiblen Lebensweganteile am Gesamtenergieaufwand. Ihr Betrag ist ca. 1:1 von der Wiederverwendungsquote und, je nach Werkstoff, im Durchschnitt ca. 0,5:1 von der Sekundärmaterialquote abhängig.

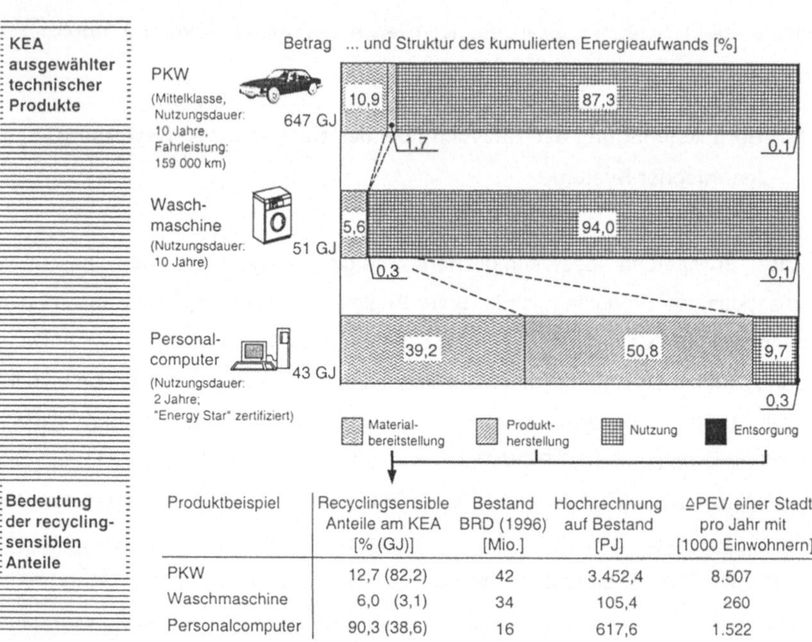

Produktbeispiel	Recyclingsensible Anteile am KEA [% (GJ)]	Bestand BRD (1996) [Mio.]	Hochrechnung auf Bestand [PJ]	≙PEV einer Stadt pro Jahr mit [1000 Einwohnern]
PKW	12,7 (82,2)	42	3.452,4	8.507
Waschmaschine	6,0 (3,1)	34	105,4	260
Personalcomputer	90,3 (38,6)	16	617,6	1.522

Bild 7: Kumulierter Energieaufwand und dessen recyclingsensible Anteile für ausgewählte technische Produkte (EBERSPERGER 1993, GROTE 1994, HOFFMANN 1995b)

Vor der Einbeziehung des Recyclings in produktbezogene Betrachtungen wurden bereits energetische Untersuchungen von Recyclings- und Entsorgungsprozessen zur Ermittlung volkswirtschaftlicher Energieeinsparpotentiale durchgeführt. Dazu wurden dem aktuellen Stand der Abfallwirtschaft Szenarien der verstärkten

Abfallvermeidung, Abfallverwertung und Sekundärrohstoffgewinnung gegenübergestellt (TUROWSKI 1977, PAUTZ 1984). Es wurde damit in Verbindung darauf hingewiesen, dass dieser Beitrag nur solange besteht, wie der Energieaufwand zur Realisierung einer Rücklaufrate die Energieeinsparungen durch das Recycling nicht überkompensiert (Bild 8). Dieser Beitrag wird bei Stoffen im wesentlichen durch ihre Feinverteilung und Korrosion in Produkten bestimmt (REICHERT 1977, SCHENKEL 1979).

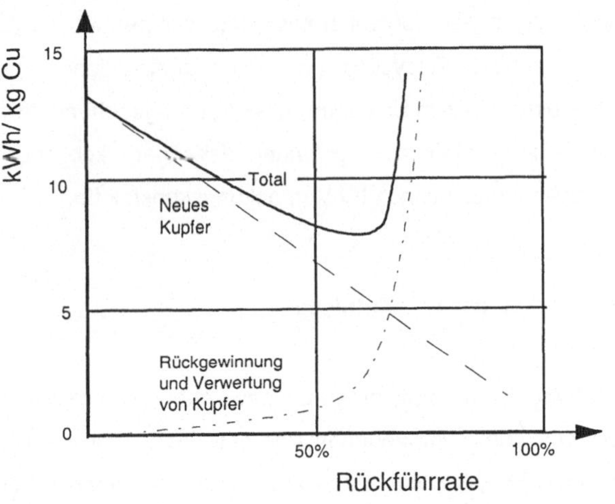

Bild 8: Energieaufwand der Kupferherstellung in Abhängigkeit von der Rückführrate (SCHENKEL 1979)

Im Rahmen energetischer Untersuchungen im Maschinenbau wurde die Aufarbeitung bereits anhand konkreter Bauteile und Baugruppen mit deren Neuherstellung verglichen (LEOPOLD 1989, HILBIG 1990, SCHICK 1991). Dazu wurden die einzelnen Verfahren zur Materialergänzung energetisch untersucht (HILBIG 1990). Die durch Aufarbeitung erzielten Energieeinsparungen hängen vorwiegend vom Anteil des kumulierten Energieaufwands für die Materialherstellung und dem der Aufarbeitung im Zusammenhang mit der erneuten technischen Lebensdauer ab.

Mit dem Aufkommen und der breiten Einsetzbarkeit neuer Recycling- und Entsorgungstechnologien und dem Wandel von der Abfall- zur Kreislaufwirtschaft mit dem Willen zur Festlegung bestimmter Hierarchien trat die Zielstellung der ökologischen Bewertung vergleichbarer Recycling- und Entsorgungsoptionen in den

Vordergrund (REICHE 1991). Unter Formulierung möglicher Untersuchungsrahmen wurden auf Basis des kumulierten Energieaufwands zunächst Recyclingoptionen für Kunststoffe auf Basis des Konzepts der Lastpakete bilanziert (OEKO-INSTITUT 1993). Ausgehend von gebrauchten Kunststoffverpackungen wurden kreislaufwirtschaftliche Optionen bis zur erneuten Verpackung untersucht. Recyclingprozessketten bilden hierbei den Ausgangspunkt des Produktlebensweges, wobei die Rolle der in der Regel energetisch wenig intensiven Recyclingbehandlungsprozesse als „Trigger" zur Substitution energieintensiver Prozesse der Neuproduktion besonders deutlich wird. Dieser Ansatz wurde in der Nutzenkorbmethode weiterentwickelt (DSD 1995). Er besagt, dass vergleichbare Recycling- und Entsorgungsoptionen ein und dasselbe Produkt oder dieselbe Funktion erzeugen müssen und gegebenenfalls auf Prozesse der Neuherstellung zurückgreifen. Gegenstand bisheriger Ökobilanzen nach diesem Ansatz waren Verwertungsoptionen für Verpackungskunststoffe.

2.4 Anwendbarkeit der Erkenntnisse

Der ökologisch bedeutsame Zusammenhang zwischen der Kreislaufgerechtheit von Produkten und den damit verbundenen energetischen Auswirkungen wird in den bisher vorliegenden Forschungsarbeiten nur soweit und zumeist verbal gewürdigt, dass Recycling a priori als energiesparend gilt. Ökologische respektive energetische Einflüsse der Produktgestalt wurden dementsprechend noch nicht näher untersucht oder sogar quantitativ hinterlegt, obwohl die recyclingorientierte Produktgestaltung vor dem Hintergrund einer umweltgerechten Kreislaufwirtschaft ein allgemeines Ziel darstellt.

Die energiebezogene Ableitung produktgestaltsbezogener Einflüsse auf die Parameter der Recyclingprozesse setzt energetische Untersuchungen der Recyclingprozesse voraus. Bestehende Erkenntnisse beim Produktrecycling und Materialrecycling werden genutzt, um Recyclingvarianten und deren Prozesse für mechanische Bauteile und Baugruppen einer energetischen Bewertung zugänglich zu machen. Voraussetzung ist hierzu, Recyclingvarianten auf ihre Vergleichbarkeit und Abgrenzungen hin kenntlich zu machen. Bestehende Erkenntnisse zu energetisch wirksamen Faktoren bei Recyclingprozessen liegen vereinzelt vor und bedürfen vor allem einer zusammenhängenden Charakterisierung.

Bezüglich der Untersuchungsmethode werden bisherige Vorgaben und Erkenntnisse zum kumulierten Energieaufwand und zum Ökobilanz-Konzept berücksichtigt, um Transparenz und Übertragbarkeit der Ergebnisse in aufbauenden Arbeiten zu ermöglichen. Mit den erläuterten Ansätzen zur ökologischen Bewertung von Varianten des Kunststoffrecyclings wurde bereits recyclingspezifisch methodische Vorarbeit geleistet.

Bestehende Arbeiten zur energetischen und ökologischen Bewertung maschinenbaulicher Baugruppen und Produkte stellen die inhaltliche Ausgangsbasis zur energetischen Bewertung des Recycling dar, das bisher pauschal oder nur exemplarisch Untersuchungsgegenstand der energetischen Bewertung gewesen ist. Die Ermittlung und Systematisierung energetischer Daten zu Recyclingprozessen für maschinenbauliche Produkte, speziell ihrer mechanischen Bauteile und Baugruppen, bedarf noch verstärkter Forschungsintensität.

Maschinenbauliche Produkte sind durch eine hohe Vielfalt an mechanischen Konstruktionserkstoffen und Baugruppenstrukturen kennzeichnet. Eine Untersuchung der Wechselwirkungen zwischen der Produktgestalt, der Qualität der Produkte aus den Behandlungsprozessen und dem gesamten Recyclingerfolg als Voraussetzung zur Formulierung entsprechender Gestaltungsempfehlungen liegt unter energetischen Gesichtspunkten noch nicht vor. Das schuf letztendlich die Intention zur Anfertigung der vorliegenden Arbeit.

Die Erörterung der Erkenntnisse und ihrer Anwendbarkeit zeigt, dass zum Recycling einschließlich der recyclingorientierten Produkltgestaltung und zur Methode der energetischen Bewertung jeweils isoliert eine Reihe von Arbeiten vorliegen. Noch besteht jedoch großer Forschungsbedarf bei der Anwendung der energetischen Bewertung zur Untersuchung der Recyclingvarianten mechanischer Bauteile und Baugruppen maschinenbaulicher Produkte und bei der Formulierung von Anforderungen an die Produktgestaltung.

3 Entwicklung eines Modells zur energetischen Untersuchung von Recyclingoptionen für mechanische Bauteile und Baugruppen

3.1 Beschreibung und Festlegung des energetischen Untersuchungsmodells

Bei der energetischen Untersuchung eines technischen Systems sollen im Ergebnis ein oder mehrere Systemparameter mit dem Energieaufwand in Zusammenhang gebracht werden können. Eine Sonderform dieser Untersuchung ist der energetische Vergleich zweier oder mehrerer vergleichbarer Subsysteme im Sinne einer energetischen Bewertung. Unabhängig vom konkreten System - im vorliegenden Fall Recyclingoptionen für mechanische Bauteile und Baugruppen - muss dazu ermittelt und festgelegt werden,

- was unter Energieaufwand verstanden wird,
- welche Bestandteile der Energieaufwand aufweist,
- wie unterschiedliche Energiearten vergleichbar gemacht werden,
- nach welcher Methodik der Energieaufwand bilanziert wird.

Im Ergebnis soll das im weiteren Verlauf genutzte energetische Untersuchungsmodell vorliegen.

Das Verständnis des Energieaufwands muss sich nach der Erkenntnisperspektive richten, dass ökologisch bzw. volkswirtschaftlich relevante Anteile einbezogen werden sollen. Der kumulierte Energieaufwand deckt sich mit dieser Perspektive, die auch das Ökobilanzkonzept aufweist (VDI 4600). Damit wird gewährleistet, dass erarbeitete Ergebnisse zwischen den beiden Konzepten austauschbar sind. Wesentlich ist bei diesem Verständnis des Energieaufwands, dass

- nur nutzbare Energieformen einbezogen werden,
- nicht-technische Energieformen keine Berücksichtigung finden (Arbeit von Lebewesen, natürliche Temperaturdifferenzen, Sonnenlicht),
- dieser primärenergetisch ausgewiesen wird.

Der Energieaufwand wird dem Produkt zugeschrieben, das den Zweck des technischen Systems am besten verkörpert. Idealerweise sollte der gesamte Lebensweg des Produktes Berücksichtigung finden. Entsprechend der Definition im

Entwurf der VDI 4600 wird weiterhin der Begriff des Kumulierten Energieaufwands (KEA) verwendet.

Der kumulierte Energieaufwand *KEA* eines Produkts berechnet sich nach dem Entwurf der VDI 4600 aus dem kumulierten Prozessenergieaufwand in Form von Endenergieträgern EEV_i und dem kumulierten nichtenergetischen Aufwand KNA_j unter Berücksichtigung der jeweiligen Bereitstellungswirkungsgrade g_i und g_j wie folgt (VDI 4600):

$$KEA = \sum_{i=1}^{m} \left(\frac{EEV_i}{g_i}\right) + \sum_{j=1}^{n} \left(\frac{KNA_j}{g_j}\right) \qquad \text{Gl. 1}$$

Der kumulierte nichtenergetische Aufwand *KNA* berücksichtigt dabei alle konventionellen und nichtkonventionellen Energieträger, die in das Produkt zur stofflichen Nutzung eingehen.

Die in technischen Prozessen benötigte Energie wird in Form von Endenergieträgern zugeführt, für deren Bereitstellung aufgrund von Umwandlungsverlusten, Transportaufwendungen, dem Bau notwendiger Betriebsmittel ebenfalls ein kumulierter Energieaufwand ermittelt werden kann, der in die energetische Bewertung des technischer Prozesse einfliessen muss. Dasselbe gilt für nichtenergetisch genutzte Rohstoffe. Das hat zur Festlegung von Wirkungsgraden geführt, indem der Heizwert des bereitgestellten Endenergieträgers oder Stoffs auf den kumulierten Energieaufwand seiner Bereitstellung bezogen wird (HARTMANN 1986, HERLAN 1989). Über ihre Bereitstellungswirkungsgrade sind somit jegliche Energieträger vergleichbar und kumulierbar.

Die in der vorliegenden Arbeit zu berücksichtigenden Endenergieträger sind Steinkohle, Erdgas, Heizöl, Strom und Dampf. Ihre Bereitstellungswirkungsgrade η_{ET} wurden der Literatur zu ökobilanzierenden Untersuchungen technischer Systeme entnommen und sind in Tabelle 2 zusammengefasst. Bei der Stromerzeugung wird von einem einheitlichen Bezug aus dem europäischen Stromverbundsystem mit einem Wirkungsgrad von 0,378 nach der Äquivalenzmethode ausgegangen (HABERSATTER 1991). Eine räumliche Beschränkung auf Deutschland führt nach dieser Methode dazu im Vergleich zu einem Wirkungsgrad von 0,308 für 1991

(HOFFMANN 1995b). Ein erhöhter Anteil wasserkrafterzeugten Stroms wird bei der Aluminiumproduktion berücksichtigt, das in Deutschland zu 50% aus Importen bereitgestellt wird (HABERSATTER 1991, MAUCH 1993).

Endenergieträger	η_{ET}	Bereitgestellt durch
Steinkohle	0,920	- Tagebau aus Übersee zu 15%
Erdgas	0,943	- Holland und GUS
Heizöl, schwer	0,913	- OPEC (50%), Westeuropa (50%)
Dampf	0,836	- industrielle Gasfeuerung
Strom	0,378	- westeuropäischen Stromverbund
Strom (Al-Produktion)	0,539	- erhöhten Wasserkraftanteil (61,3%)

Tabelle 2: Verwendete Bereitstellungswirkungsgrade jeweiliger Endenergieträger (FRITSCHE 1989, HABERSATTER 1991).

Für die Bilanzierung des kumulierten Energieaufwands besteht die Auswahl zwischen der Input-Output-Analyse und der Prozesskettenanalyse. Die Input-Outputanalyse stützt sich auf volkswirtschaftliche Statistiken, während die Prozesskettenanalyse physikalische Prozessgrößen bestimmt.

Bei der Input-Output-Analyse wird für eine Outputmenge eines Wirtschaftssektors aus dessen direkter Energieintensität und der Energieintensität der Vorleistungen aus anderen Wirtschaftssektoren ein kumulierter Energieaufwand ermittelt (WAGNER 1978). Methodisch vorteilhaft ist bei der Input-Output-Analyse die Erfassung sämtlicher Vorleistungen, die zur Herstellung des Outputs beitragen. Die Abbildung der Energie- und Warenströme erfolgt monetär in Form von Preisen, was allerdings zu preisgebundenen Schwankungen bei den energetischen Angaben führen kann. Erfolgt die energetische Bewertung mit der Intention, die Energiepreise als Bewertungsmassstab bewusst zu umgehen, so steht die alleinige Anwendung der Input-Output-Analyse durch die Nutzung preisgebundener energetischer Angaben dem entgegen. Nachteilig ist die Methode ebenfalls bei Produkten, die nicht allein den Output eines Wirtschaftssektors verkörpern. Die Input-Output-Analyse versagt darüber hinaus vollkommen für eine Analyse von Einflüssen technischer Parameter auf den kumulierten Energieaufwand. Vor allem aus zuletzt genanntem Grund wird von der Verwendung dieser Methode in der vorliegenden Arbeit Abstand genommen.

Als technisch orientierte Untersuchungsmethode zur energetischen Bewertung hat sich die Prozesskettenanalyse bewährt, die das Produkt als Ergebnis kettenförmig durch Stoffströme verknüpfter Prozesse darstellt. Im Ergebnis der Stoffbilanz wird jedem stofflichen Input eines Prozesses ein Energiewert zugeordnet, der wiederum den kumulierten Energieaufwand vorgelagerter Prozesse verkörpert. Zusammen mit dem direkten Energieaufwand ergibt sich somit der kumulierte Energieaufwand des Prozessoutputs und im Endeffekt des Produktes (HARTMANN 1986). Die Analyse bis hin zu einzelnen Verfahren ist vorteilhaft hinsichtlich der Untersuchung des Einflusses technischer Parameter am Produkt und am Prozess. Die energetische Analyse der Recylingoptionen wird aus diesem Grund auf der Prozesskettenanalyse basieren.

Basismodul der Prozesskettenanalyse ist der Prozess mit seinen bilanzierten Inputs und Outputs. Bei den Inputs kann zwischen einem primärenergetisch bewerteten Direktenergieaufwand und dem kumulierten Energieaufwand sämtlicher materieller Vorprodukte unterschieden werden (DEGNER 1988) (Bild 9). Der Direktenergieaufwand setzt sich aus einem produktionsabhängigen Anteil, der unmittelbar einen Fortschritt am Produkt erzeugt, und ggf. einem Nebenverbrauchsanteil zusammen. Vor allem in verarbeitenden Unternehmen kann dieser Anteil Größenordnungen um 60% des unternehmensbezogenen Primärenergieaufwands erreichen (WOLFRAM 1990). Die materiellen Vorprodukte werden im wesentlichen im Sinne des Prozessfortschritts transformiert. Daneben werden jedoch auch Hilfsstoffe und Betriebsmittel sukzessive verbraucht, die in Form energetischer Abschreibungen zu berücksichtigen sind.

Der Prozessoutput besteht aus dem Zielprodukt und kann auch Kuppelprodukte umfassen, was bei Recyclingprozessen oftmals der Fall ist. Ihnen können gegebenenfalls Anteile des kumulierten Energieaufwands zugeordnet werden, wobei der verwendete Allokationsparameter (z.B. Masse, Heizwert oder stöchiometrische Wertigkeit) transparent zu machen ist (HARTMANN 1986).

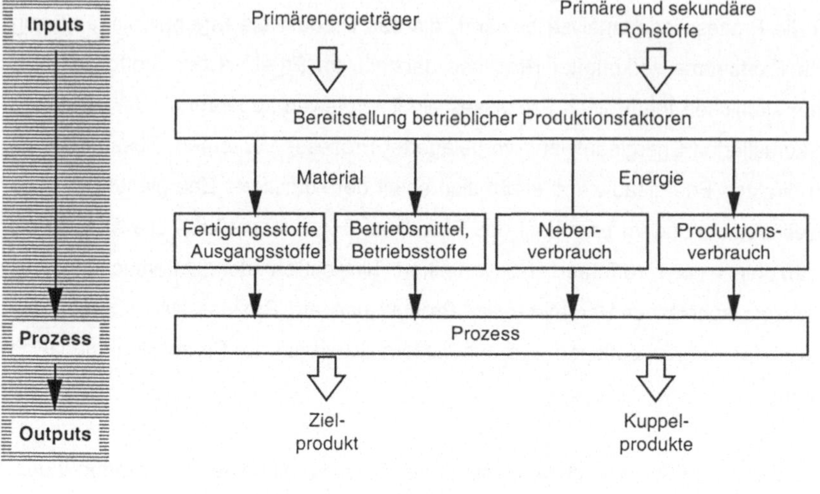

Bild 9: Schema des energetischen Untersuchungsmodells (nach VDI 4600)

Neben dem hier erläuterten energetischen Untersuchungsmodell macht die Prozesskettenanalyse eine Abgrenzung des zu analysierenden Systems notwendig, um das gewünschte Untersuchungsziel bei überschaubarem Aufwand zu erreichen. Diese Festlegungen sollten begründet und nachvollziehbar erfolgen. Dieser Aufgabe stellen sich die folgenden Unterkapitel.

3.2 Modellierung des Untersuchungsgegenstands

3.2.1 Allgemeine Recyclingoptionen und Festlegung des Bezugsobjektes

Als Recyclingoptionen für mechanische Bauteile und Baugruppen werden, ausgehend von deren Nutzungsende, konkrete Prozessketten des Produkt- und Materialrecyclings bezeichnet. Sie sind Gegenstand der energetischen Untersuchungen.

Recyclingoptionen lassen sich gleichermaßen den Recyclingformen nach VDI 2243 der Verwendung und Verwertung zuordnen. Prinzipielle Recyclingoptionen, die im weiteren verfolgt werden, sind die Wiederverwendung als Form des Produktrecyclings, die werkstoffliche Verwertung sowie bei Kunststoffen auch die rohstoffliche Verwertung als Formen des Materialrecyclings (Bild 10).

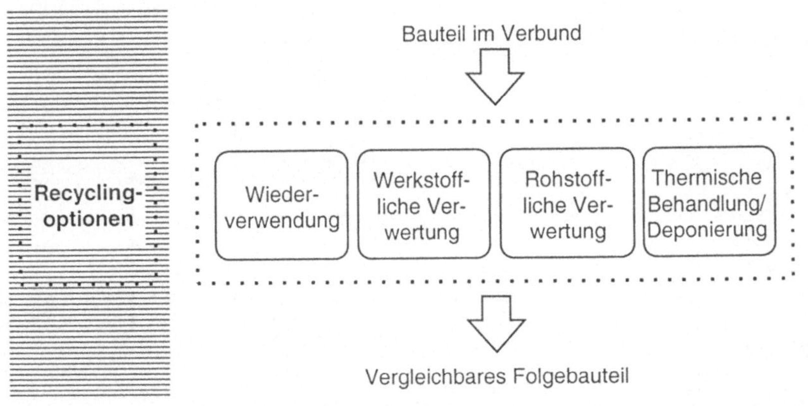

Bild 10: Darstellung des zu untersuchenden Systems

Mit Ausnahme verfahrensbedingter oder wirtschaftlicher Recyclingaktivitäten kann das Recycling in entwickelten Industrieländern - als Alternative zur Beseitigung - abfallwirtschaftlichen Zielsetzungen zugeordnet werden (§3 KRW/ABFG 1994). Aus diesem Grund wird auch, neben den bereits genannten prinzipiellen Recyclingoptionen, die Thermische Behandlung/ Deponierung als abfallwirtschaftliche Option gleichrangig in die Bewertung mit einbezogen.

Neben dem Beitrag zu abfallwirtschaftlichen Lösungen impliziert Recycling praktisch und begrifflich einen Beitrag zur Herstellung von Produkten, der sich im zu untersuchenden System wiederfinden muss. Das wird erreicht, indem die Herstellung eines vergleichbaren Folgebauteils im Rahmen jeder Recyclingoption als Randbedingung zugrunde gelegt wird (Bild 10). Damit wird beispielsweise die Vergleichbarkeit der energetischen Aufwendungen zwischen der Aufarbeitung eines Bauteils und dessen Deponierung gewährleistet. In diesem Fall setzen die Recyclingoptionen am Nutzungsende eines Bauteils an und führen zu einem identischen gebrauchsfähigen Folgebauteil.

Die Prozessketten der Recyclingoptionen lassen sich gemäß des Ansatzes in typische Prozessmodule untergliedern, aus denen sie zusammengesetzt sind. Aufarbeitung, Aufbereitung, Entsorgungsprozesse und Herstellung bzw. wiederum deren Module können Bestandteile der Recyclingoptionen sein (Bild 11).

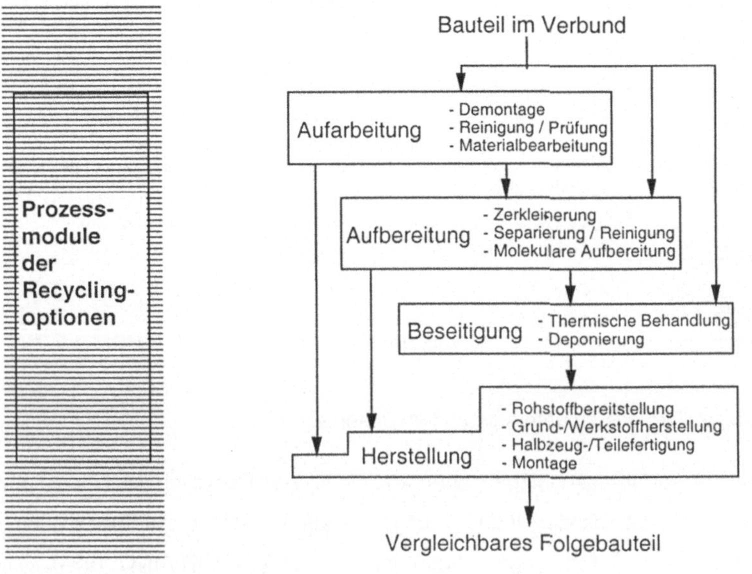

Bild 11: Prozessmodule im System

Ein wesentlicher methodischer Schritt ist die Festlegung des Objektes, auf das sich der kumulierte Energieaufwand einer Recyclingoption bezieht. In Lebensweganalysen werden die Entsorgungsaufwendungen dem Urprodukt und die Verwertung dem Folgebauteil zugeschlagen, was Probleme der Zuordnung mit sich bringt (HAGEDORN 1992).

Entsprechend der Erkenntnisperspektive wird das zum Recycling anstehende Bauteil (Recyclingobjekt) als Bezugsgegenstand für den kumulierten Energieaufwand der Recyclingoptionen definiert, da es mit seiner Gestalt und Anordnung in einer Baugruppe und letztendlich dem Produkt die Höhe der energetischen Aufwendungen - im Sinne einer strukturellen Erblast - entscheidend mitbestimmt.

3.2.2 Herleitung der strukturbezogenen Systemgrenze

Obwohl in aller Regel ein Produkt als Ganzes zum Recycling ansteht, wurde bereits deutlich gemacht, dass die sich Arbeit bezüglich der Produktstruktur auf die Bauteil- und Werkstoffebene konzentriert. Diese strukturbezogene Systemgrenze wird im folgenden hergeleitet.

Die unterste Strukturebene, in die sich ein Produkt aufteilen lässt, sind Werkstoffe als funktionsbehaftete, formlose Stoffe. Als nächst höhere Ebene werden Bauteile aufgefasst. Sie bestehen aus einem Werkstoff und besitzen eine geometrisch bestimmte Form. Dazu zählen auch Bauteile aus Verbundwerkstoffen, nicht jedoch Werkstoffverbunde. Diese werden mit Ausnahme von Bauteilen mit Oberflächenschutzschichten den Baugruppen zugeordnet, die aus mindestens zwei gefügten Bauteilen bestehen und als Funktionsmodule komplex gestaltet sein können. Das Produkt selbst ist erst in der Lage, im Zusammenspiel der Bauelemente den vorgesehenen Nutzen zu erfüllen.

Die Zuordnung der Prozessmodule, aus denen sich die Recyclingoptionen zusammensetzen können, zu den erläuterten Strukturebenen zeigt, dass die Prozessketten auf Produkt- und Baugruppenebene nahezu identisch sind (Bild 12). Durch eine Demontage gelangt man auf die nächst niedrigere Strukturebene bis zum Bauteil, während die verfahrenstechnische Zerkleinerung unabhängig ob Produkt,

Baugruppe oder Bauteil zur stofflichen Ebene und entsprechenden Folgeprozessen führt. Gleiches gilt für die Entsorgung, bei der Prozesse der Neuherstellung angefangen vom Rohstoff bis zum identischen Produkt notwendig werden. Die Prozessmodule sind der jeweils zu erzielenden Produktstrukturebene zugeordnet, wenn diese gewechselt wird. Die Vielfalt der Optionen zum Produkt- und Materialrecycling entsteht auf Bauteil- und Stoffebene. Die Prozessmodule der Herstellung zum Folgeprodukt sind adäquat auf die Strukturebenen aufgeteilt.

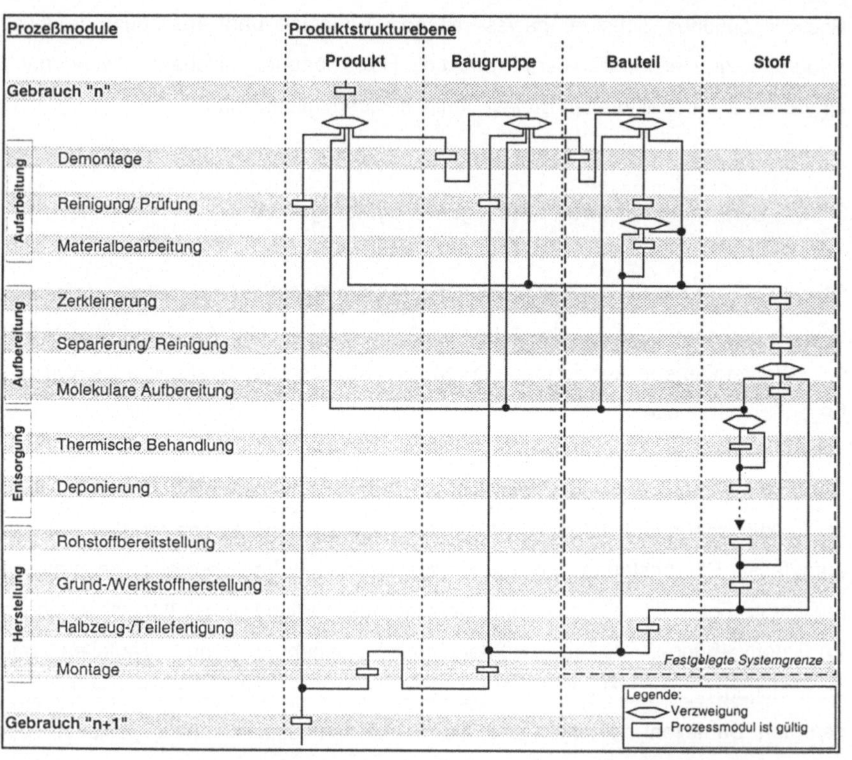

Bild 12: Abgrenzung des Systems nach Produktstrukturebenen

Die Montage des Bauteils in seinen ursprünglichen Verbund wird in die energetischen Bewertung nicht mit einbezogen, obwohl vom gebrauchten Bauteil, das sich im Verbund befindet, ausgegangen wird. Unabhängig von einer Recyclingoption auf Bauteil- und Baugruppenebene wird allerdings jedes Bauteil montiert. Der vergleichende Charakter der energetische Bewertung lässt somit einen Verzicht auf die Einbeziehung der Montage zu.

Obwohl der Gebrauch des Folgebauteils nicht Gegenstand der Untersuchung ist, ist im Einzelfall zu prüfen, ob das Folgeprodukt mit aufgearbeiteten oder rezyklathaltigen Bauteilen und Baugruppen allgemein aufgrund entgangener Innovationen einen vergleichsweise höheren Energieaufwand während seines Gebrauchs verursacht, als ein zweckadäquates Folgeprodukt mit neuentwickelten Bauelementen. Das kann konkret durch eine Änderung der verfügbaren Lebensdauer oder des Bauteilgewichts eintreten und muss im Einzelfall Berücksichtigung finden.

Es wurde gezeigt, dass sich die Prozessketten der Recyclingoptionen auf Produkt- und Baugruppenebene mit Ausnahme der Montage auf Bauteilebene wiederholen und folglich die Verwendung und Verwertung als Formen erneuter Nutzung im Produktionsprozess sich nur Bauteilen und Stoffen, aus denen das Produkt aufgebaut ist, zuordnen lassen. Es ist somit nicht nur sinnvoll, sondern auch notwendig, die Untersuchung für die energetische Bewertung von Recyclingoptionen auf die Stoff- und Bauteilebene zu konzentrieren.

3.3 Behandlung der Wiederverwendung und Wiederverwertung sowie der Weiterverwertung

Während bei der erneuten Verwendung praktisch nur die Wiederverwendung von Bedeutung ist und als prinzipielle Recyclingoption feststeht, kommen bei der Verwertung eine erneute Nutzung des Stoffes für das identische oder ein anderes Bauteil in Betracht. Ist letzteres der Fall, muss eine Neuherstellung eventuell bis hin zum Folgebauteil in die Bilanz einbezogen werden.

Bei der Wiederverwendung und -verwertung eines Bauteils muss geklärt werden, wie mit dem kumulierten Energieaufwand seiner ursprünglichen Herstellung KEA_H und dem seiner endgültigen Entsorgung KEA_E umgegangen wird. Darüber hinaus kann die Anzahl n der Umläufe größer 1 werden. Bezogen auf einen Umlauf ergibt sich ein kumulierte Energieaufwand KEA eines Bauteils bei n-maligem Recycling mit KEA_R zu:

$$KEA = KEA_R + \frac{KEA_E + KEA_H}{n} \qquad \text{Gl. 2}$$

Es sei wiederholt, dass von einem abgenutzten Bauteil ausgegangen wird und dieses den Zweck seiner ursprünglichen Herstellung erfüllt hat. Methodisch ist es daher richtig, diesen kumulierten Energieaufwand „abzuschreiben“, somit gleich Null zu setzen und dasselbe für die endgültige Entsorgung zu tun (VDI 4600). Wird dieser Schritt nicht vollzogen und beispielsweise in Gl. 2 die Umlaufzahl n gleich 1 gesetzt, ergibt sich zwar ein Umlauf, gleichzeitig werden jedoch zwei Bauteilnutzungen energetisch kumuliert.

Bei der Weiterverwertung eines Bauteils werden durch das entstehende Produkt (es kann ein Bauteil, Werkstoff oder Rohstoff sein) Prozesse substituiert, welche zur Neuherstellung eines vergleichbaren Produktes notwendig wären. Aus dieser Substitution wird eine energetische Verrechnung abgeleitet. Aus dem kumulierten Energieaufwand der Aufbereitung KEA_{AB} und Weiterverarbeitung zum Substitut $KEA_{H,S}$, der vermiedenen Neuherstellung des substituierten Produktes $KEA_{H,SP}$ und der Neuherstellung eines vergleichbaren Folgebauteils KEA_H folgt für den kumulierten Energieaufwand KEA eines weiterverwerteten Bauteils:

$$KEA = KEA_{AB} + KEA_{H,S} - KEA_{H,SP} + KEA_H \qquad \text{Gl. 3}$$

Ob bis zu einem Folgebauteil bilanziert wird, hängt davon ab, welche Recyclingoptionen zum Vergleich anstehen. Wird das Recycling auf stofflicher Ebene vergleichend bilanziert, muss die Systemgrenze nur bis zum kleinsten gemeinsamen Nutzen auf stofflicher Ebene reichen (Bild 12, Seite 44). Wird dazu noch eine Aufarbeitung zur Wiederverwendung einbezogen, bildet das vergleichbare Folgebauteil die Systemgrenze der Bilanz.

3.4 Präzisierung des Untersuchungsgegenstandes

Mechanische Bauteile, die sich im Baugruppenverbund befinden, können nach vielfältigen Merkmalen unterschieden werden. Unter dem Blickwinkel der energetischen Bewertung ihrer Recyclingoptionen interessieren in erster Linie die verfahrens- und fertigungstechnischen Aufwendungen und die damit verbundenen Stoffströme. Hauptunterscheidungsmerkmal ist daher der Werkstoff, aus dem das betrachtete Bauteil gefertigt ist. Weitere Merkmale sind die Verbindungsarten an den Fügestellen, die unlösbar verbundenen Werkstoffe sowie der Fertigungsprozess, durch den die Bauteilform erzeugt wurde (Tabelle 3).

Mit dem Werkstoff wird nach dem Stand der Technik über bestimmte Recyclingoptionen entschieden. Betrachtet werden Stahl- und Aluminiumlegierungen als bedeutendste Werkstoffgruppen im Maschinenbau sowie technische Thermoplaste aufgrund ihrer immer breiteren Anwendung maschinenbaulichen Produkten.

Art und Anzahl der Recyclingoptionen werden weiterhin durch die Verbindungsarten mitbestimmt, durch die das betrachtete Bauteil im Verbund gefügt ist. Dabei wird hauptsächlich zwischen zerstörend und zerstörungsfrei lösbaren Verbindungen unterschieden. Zerstörend lösbare Verbindungen schließen eine Wiederverwendung des Bauteils durch dessen Aufarbeitung aus.

Prozessstufen		Recyclingoptionen*				Bauteilmerkmale
		A	B	C	D	Werkstoffgruppen
Aufarbeitung	Demontage	x	x	x		Fe, Al, Thermoplaste
	Reinigung/ Prüfung	x				Fe
	Materialbearbeitung	x				Fe
Aufbereitung	Zerkleinerung		x	x	x	Fe, Al, Thermoplaste
	Separierung/ Reinigung		x	x	x	Fe, Al, Thermoplaste
	Molekulare Aufbereitung			x		Thermoplaste
Entsorgung	Thermische Behandlung				x	Thermoplaste
	Deponierung				x	Fe, Al, Thermoplaste
Herstellung	Rohstoffbereitstellung				x	Fe, Al, Thermoplaste
	Grund-/Werkstoffherstellung			x	x	Fe, Al, Thermoplaste
	Halbzeug-/Teilefertigung		x	x	x	Fe, Al, Thermoplaste
*A: Wiederverwendung		↳	↳	↳	↳	Weitere Merkmale
B: Werkstoffliche Verwertung		x	x	x		Verbindungstyp
C: Rohstoffliche Verwertung			x			Verbundene Werkstoffe
D: Therm. Behandlung/ Deponierung			x	x	x	Fertigungsverfahren

Tabelle 3: Merkmalsausprägungen der Recyclingobjekte (Bauteile) in Abhängigkeit der wesentlichen Prozessmodule und Recyclingoptionen

Die mit dem Bauteil in Kombination stehenden Werkstoffe sind im Falle der werkstofflichen Verwertung im Verbund von Interesse, da einer aufbereitungstechnischen, sortenreinen Gewinnung eines Werkstoffs je nach Prozessaufwand Grenzen gesetzt sind. Davon hängt jedoch der notwendige Anteil an primärem Werkstoff für das Folgebauteil oder ein entsprechender Verfahrensaufwand bei der Verwertung ab. Dies hat unmittelbare Auswirkungen auf den Aufwand an Energie. Ähnliches gilt für die unterschiedlichen Fertigungsprozesse, mit denen Bauteile gestaltet wurden. Die damit verbundenen unterschiedlichen Energieaufwendungen bleiben bei einer Wiederverwendung des Bauteils erhalten, während sie bei einer mechanische Zerkleinerung zur Sortierung "zerstört" bzw. entwertet werden und gegebenfalls berücksichtigt werden müssen.

4 Einfluss der Produktgestalt auf den Energieaufwand beim Zerlegen und Zerteilen maschinenbaulicher Produkte

4.1 Fertigungstechnisches Zerlegen durch Demontageprozesse

Das Herauslösen und Vereinzeln von mechanischen Baugruppen oder Bauteilen aus einer höheren Baugruppenebene, die letztendlich das gesamte Produkt umfassen kann, wird mittels fertigungstechnischer Prozesse der Demontage durchgeführt. Bezogen auf die zu demontierende Baugruppe wird zwischen vollständiger und teilweiser Demontage unterschieden. Die vollständige Demontage geht der Austauscherzeugnisfertigung durch Aufarbeitung voraus und sollte möglichst zerstörungsfrei erfolgen können. Die teilweise Demontage zielt auf die Gewinnung einzelner Baugruppen oder Bauteile zu deren Verwendung oder Verwertung, oder zur Schadstoffentfrachtung des Produktes ab und beinhaltet gleichzeitig eine Sortierung nach Stoffen oder Stoffgruppen. Sie kann zerstörend erfolgen, falls eine Aufarbeitung des vereinzelten Bauteils nicht vorgesehen ist (VDI 2243).

Als zerstörungsfrei lösbar gelten kraft- und formschlüssige Verbindungen, die nicht durch Urformen oder Umformen hergestellt werden. Als bedeutend sind Steck-, Schnapp-, Schraub-, und Pressverbindungen zu nennen. Ihr Lösen erfolgt im Zuge einer Instandhaltung manuell, bei serienmässiger Demontage weitgehend mechanisiert. Automatisierte Konzepte wurden bereits im Pilotmassstab realisiert, doch ihre Einführung im industriellen Maßstab scheitert bisher an den unterschiedlichen, nicht vorhersehbaren Korrosionszuständen der vom Markt kommenden und zu demontierenden Altprodukte.

Der Energieaufwand zur Demontage einer Baugruppe kann in erster Näherung aus dem zur Montage abgeleitet werden. Der Primärenergieaufwand zur Montage maschinenbaulicher Produkte einschließlich aller Nebenaufwendungen beträgt ca. 50 MJ/kg, was etwa 30% des kumulierten Energieaufwands ihrer Herstellung entspricht. Beispielhaft sind Werte für die Montage von Mittelklasse-PKW mit 40..50 MJ/kg bei einer Fertigungstiefe von 100% oder eines Werkstückmagazins mit 70 MJ/kg (RESCH 1987, HOFFMANN 1995a). Für den Primärenergieaufwand KEA_D zur

Demontage einer Baugruppe mit n_{BT} Bauteilen gilt unter Berücksichtigung der Anzahl zu demontierender Bauteile $n_{BT,D}$ somit näherungsweise:

$$KEA_D = 50MJ / kg \cdot \frac{n_{BT,D} \cdot m_{ges}[kg]}{n_{BT}} \qquad \text{Gl. 4}$$

Diese massebezogene Abschätzung enthält allerdings keinen sinnvollen Bezug zu technischen Parametern. Detaillierter betrachtet wird der Energieaufwand durch den eventuellen Betrieb mechanisierter Werkzeuge und anderer arbeitsplatzbezogener Hilfseinrichtungen, der Reinigung und Kontrolle der Verbindungselemente und den Nebenleistungen für Gebäudeheizung, Beleuchtung und allgemeine Hilfseinrichtungen verursacht. Werden Verbindungselemente zerstört, so muss deren Ersatz ohne vorhergehende Reinigung unter Gutschrift der Verwertung eingerechnet werden.

Wie bereits in früheren Untersuchungen gezeigt wurde, ist der Zeitaufwand zum Lösen von Schraub- und Pressverbindungen gemessen an ihrer Häufigkeit im Vergleich zu anderen Demontagevorgängen hoch (STEINHILPER 1988). Gleiche Verhältnisse zeigen Analysen hinsichtlich des Energieaufwandes bei manueller Demontage aufgrund der direkten Abhängigkeit vom operativen Zeitaufwand, wobei die Reinigung der Verbindungselemente, nicht jedoch deren Ersatz, in die Analyse integriert wurde (Bild 13).

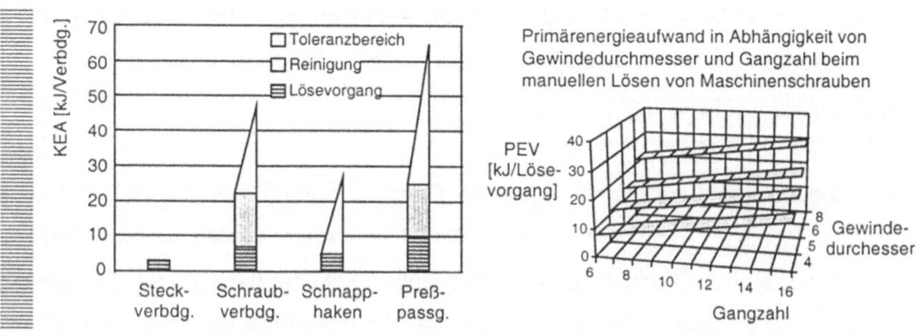

Bild 13: Verbindungsbezogener KEA bei der Demontage verschiedener lösbarer Verbindungen

Der Aufwand zum Lösen von Schnappverbindungen steigt mit der Anzahl gleichzeitig zu lösender Schnapphaken. Beim manuellen Lösen von Schraubverbindungen steigt der Energieaufwand erwartungsgemäß mit der Anzahl der Gewindegänge und dem Gewindedurchmesser.

Das Lösen von Schraubverbindungen ist in Recyclingwerkstätten weitgehend mechanisiert. Entsprechend dem verringerten Zeitaufwand sinkt dabei der Energieaufwand durch Nebenleistungen pro Verbindung besonders bei höheren Gewindegangzahlen und -durchmessern sowie bei mehreren, nacheinander stattfindenden, gleichartigen Lösevorgängen, dem allerdings der Arbeitsaufwand für das Werkzeug entgegensteht und im Fall von Druckluftschraubern die Einsparungen überkompensieren kann (Bild 14). Die zugrundeliegenden Nebenaufwendungen von 0,3 MJ/m²*h für Heizung und Beleuchtung bei einer benötigten Fläche von ca 10 m² (inklusive Nebenflächen) gelten als typischer Wert für maschinenbauliche Werkstätten (RESCH 1987, LEOPOLD 1989).

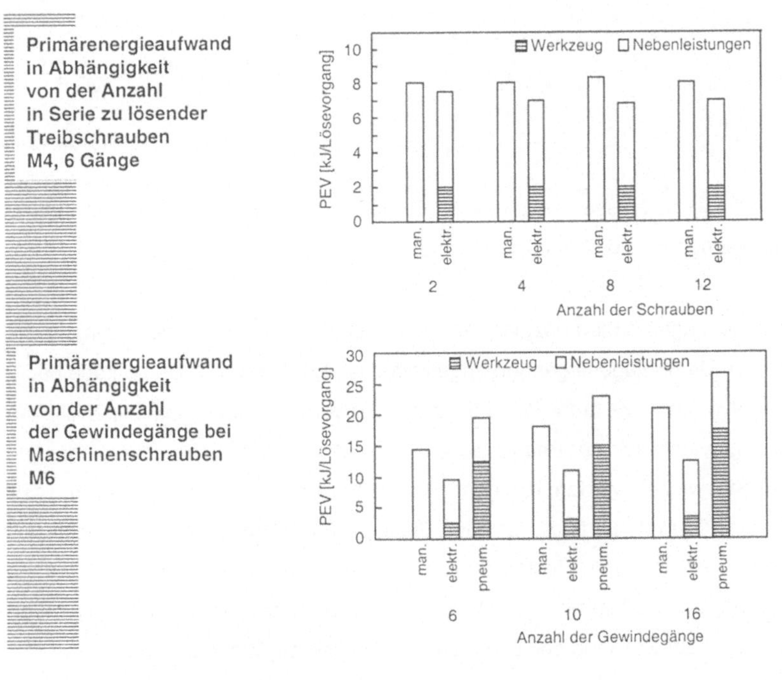

Bild 14: Einfluss der Mechanisierung auf den Energieaufwand bei der Demontage

Unter Nutzung der vorhandenen Daten kann der kumulierte Energieaufwand KEA_D zur Demontage einer Baugruppe in m Bauteile mit insgesamt n Verbindungen ermittelt werden zu

$$KEA_D = \sum_{j=1}^{m} PEV_E + \sum_{i=1}^{n} [PEV_L + (KEA_{Rg.} \vee KEA_R)] \qquad \text{Gl. 5.}$$

Mit PEV_E wird der Nebenenergieaufwand durch die Entnahme eines Bauteils berücksichtigt. Pro Verbindung wird der Löseaufwand PEV_L und der kumulierte Energieaufwand zum Recycling KEA_R oder der Reinigung KEA_{Rg} des Verbindungselements einbezogen. Das Ergebnis bezieht sich auf die zu demontierende Baugruppe oder bei einer gezielten Vereinzelung eines Bauteils zur Schadstoffentfrachtung oder zu dessen sortenreiner Verwertung auf dieses Bauteil, wenn es den ausschließlichen Grund für die Demontage darstellt. Können nebenbei gewonnene Bauteile ebenfalls gesondert verwertet werden, so sollte der Bezug zur Masse

$$KEA_{D,BT} = \frac{m_{BT}}{m_{BT+}} \cdot KEA_D \qquad \text{Gl. 6}$$

erfolgen mit m_{BT} als Masse des jeweiligen Bauteils und m_{BT+} der Masse aller darüber hinaus gewonnenen und ebenfalls verwerteten Bauteile.

Die Untersuchungen haben gezeigt, in welchen Größenordnungen der energetische Aufwand von Demontagevorgängen angesiedelt ist. Bei manueller Demontage hängt er vollständig vom Zeitaufwand für den Lösevorgang und dem spezifischen Nebenenergieverbrauch ab. Beim mechanisierten Lösen von Schraubverbindungen konnte nachgewiesen werden, dass der Energieaufwand zusätzlich zum großen Teil vom Antriebskonzept abhängig ist. Der Einfluss der Produktgestaltung lässt sich daher an allen Kriterien festmachen, die den Zeitaufwand zur Demontage beeinflussen. Ein verringerter Einsatz von Schraub- und Pressverbindungen führt darüber hinaus zur Senkung des Einsatzes mechanisierter Werkzeuge.

4.2 Zerteilen durch mechanische Zerkleinerungsprozesse

4.2.1 Auflösung der Bauteilgestalt

Zerkleinerungsprozesse gehören zu den energieintensiven Prozessen der mechanischen Verfahrenstechnik und beanspruchen den Hauptteil der Prozessenergie zur mechanischen Aufbereitung von Altprodukten und -stoffen. Ziel der Zerkleinerung von Altprodukten ist ein weitestgehender Aufschluss der Altstoffe für deren nachfolgende Anreicherung. Die Bauteilgestalt wird hierbei aufgelöst. Die Erzeugung günstiger physikalischer Eigenschaften steht darüber hinaus auch bei sortenreinen Altstoffen im Vordergrund. Enthalten die Altprodukte schadstoffhaltige Bauteile oder Flüssigkeiten, so ist deren Entnahme mittels Demontage zur Verhinderung einer unkontrollierten Schadstoffverschleppung unabdingbar.

Die zu erreichende Endstückgröße sortenreiner Altstoffe ergibt sich aus den Anforderungen der Verwertungsprozesse. Für vermischte Altstoffe hängen die Aufschlussgrade und Endstückgrößen zudem von den verarbeitbaren Stückgrößen der Trenn- und Anreicherungsprozesse sowie der konstruktiven und thermischen Beschaffenheit der aufgegebenen Altprodukte ab (SCHUBERT 1991) (Bild 15).

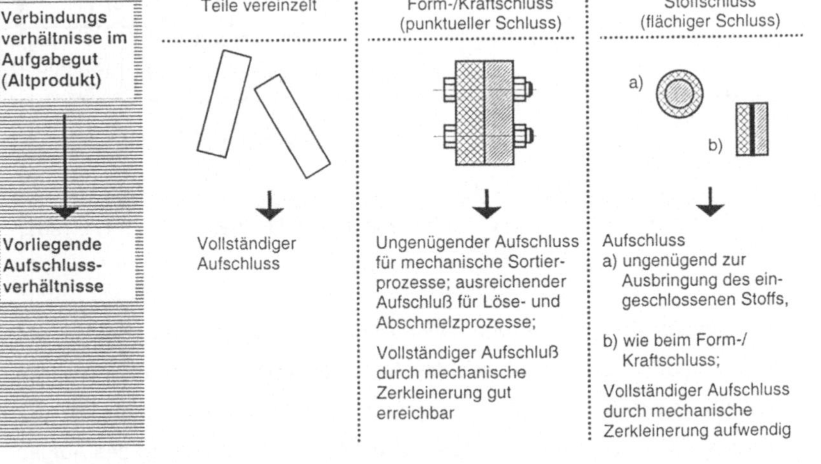

Bild 15: Qualitative Beurteilung der Aufschlussverhältnisse vor der mechanischen Zerkleinerung (nach SCHUBERT 1982)

Art der Altstoffe, zu erreichende Endstückgröße und Beanspruchungsparameter (z.B. Temperatur) bedingen die Auswahl der Zerkleinerungstechnik und beeinflussen den Energieaufwand bezogen auf die Tonne Aufgabegut (Bild 16). Dieser beträgt als Endenergie für die Zerkleinerung pro Tonne Stahl im Shredder 20 .. 25 kWh und entsprechend als Primärenergie 0,19 .. 0,24 GJ. Die systematische Darstellung der Wertepaare zeigt den deutlichen Einfluss der Endstückgösse und der Temperatur. Zunehmend weiche und zähe Materalien erhöhen den spezifischen Energieaufwand aufgrund steigender Absorption der Wirkenergie durch Verformung und erfordern im Fall von Gummi bei Normaltemperatur den Einsatz von Mühlen mit Schneid- und Reisswirkung.

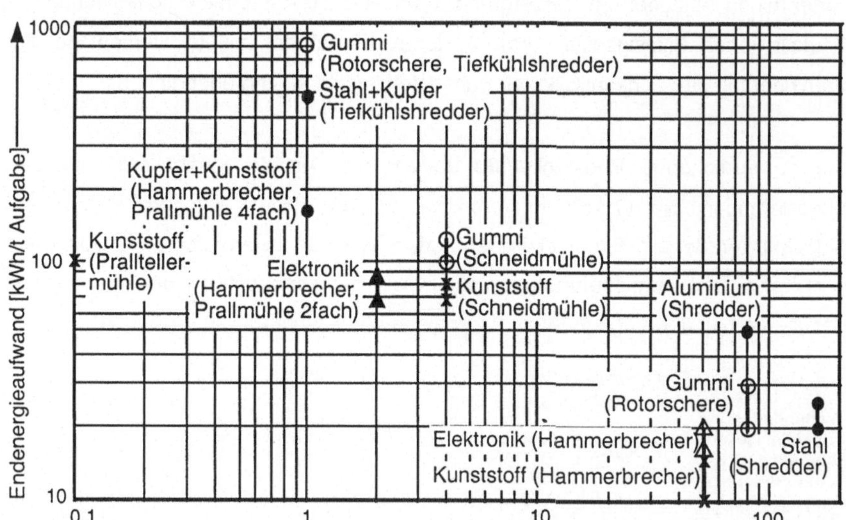

Bild 16: Endenergieaufwand für die Zerkleinerung ausgewählter Schrotte zur Erreichung bestimmter Endstückgrößen (berechnet aus HANSEL 1982, HÖFFL 1982, NRW 1995)

Mit zunehmender Komplexität und wachsendem Anteil flächiger Bauteil- oder Werkstoffverbunde verschlechtert sich das Aufschlussverhalten und die notwendige Endstückgröße sinkt, was aufgrund sinkender Störstellen zur Bruchauslösung zu einem Anstieg des Energieaufwands führt (Bild 17). Eine Versprödung des Aufgabeguts mittels flüssigem Stickstoff verbessert das Bruchverhalten duktiler, elastischer und zäher Materialien wesentlich und wird bei Gummi und kupferhaltigen Schrotten eingesetzt. Eine Absenkung des Energieaufwands beim Zerkleinerungsprozess wird allerdings durch den Aufwand zur Materialabkühlung und der Erzeugung des notwendigen Flüssigstickstoffs überkompensiert.

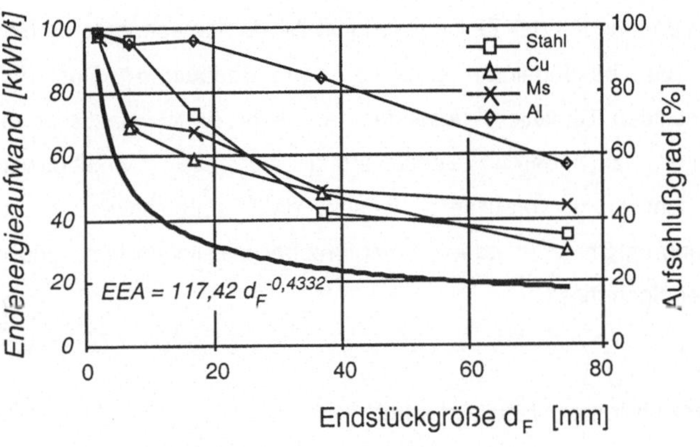

Bild 17: Einfluss der Endstückgröße auf die Aufschlussverhältnisse und den Energieaufwand beim Zerkleinern von Elektronikschrott (Schaltkästen) (nach SCHUBERT 1986)

Die Zerkleinerung maschinenbaulicher Werkstoffe führt zu einem hohen Verschleiß der Werkzeuge und Maschinenelemente. Er beträgt, bezogen auf den Durchsatz, beim Shreddern von Karosserieschrott 30-40 g/t im Vergleich zu 2-15 g/t beim Zerkleinern mittelharten Gesteins im Hammerbrecher. Zusammen mit dem Aufwand zur Herstellung des Shredders ist der Einfluss des Verschleißes auf den gesamten Primärenergieaufwand der Schrottzerkleinerung mit ca. drei Prozent dennoch vernachlässigbar gering aufgrund des hohen Prozessenergieaufwands (ONUR 1995).

Die Produktgestalt beeinflusst den Energieaufwand durch die Art der Fügeverbindungen. Punktuell wirkende Verbindungen, die in der Regel gleichbedeutend mit lösbaren Verbindungen sind, bevorteilen einen hohen Aufschlussgrad bei ausreichend hoher Endstückgröße. Werkstoff- und flächige Bauteilverbunde, die beispielsweise auch durch Bördeln, Kleben und Umschließen hergestellt werden können, lassen den Energieaufwand entsprechend Bild 17 steigen. Das gilt vor allem für Verbindungen zwischen duktilen sowie zähen Werkstoffen, wie zum Beispiel NE-Metalle, Thermoplaste und Elastomere. Die zunehmende Miniaturisierung maschinenbaulicher Produkte, die hinsichtlich Materialeinsatzminimierung ökologisch positiv sein kann, erfordert ebenfalls kleine Endstückgrößen, um bei der mechanischen Aufbereitung gute Verbindungsaufschlüsse bei geringem Aufwand zu gewährleisten.

Im Zusammenhang mit der Zerkleinerung ist die demontagegerechte Gestaltung für gesondert zu behandelnde Bauteile von Bedeutung. Das trifft, neben schadstoffhaltigen Bauteilen, besonders auf sehr harte, elastische sowie zähe Komponenten zu, deren Zerkleinerung spezielle Wirkungsweisen oder Beanspruchungskräfte voraussetzt. Beispiel dafür sind schwere Gußteile, deren Zerkleinerung im Shredder oder Hammerbrecher misslingen kann und dann durch Fallwerke erfolgen muss.

4.2.2 Herstellung der Bauteilgestalt

Die Auflösung der Bauteilgestalt bedingt eine erneute Bauteilfertigung im Hinblick auf ein folgendes, identisches Produkt und den damit verbundenen Energieaufwand, falls die Aufarbeitung Bestandteil einer vergleichbaren Recyclingoption ist (Bild 18). Für diesen Fall kommt die Zerkleinerung einer „Zerstörung“ im Sinne einer Entwertung des fertigungsbedingten Energieaufwands gleich, würde sein Erhalt aus dem abgelaufenen Lebenszyklus Gegenstand der Bewertung sein (BUCHERT 1993).

Komplementär zur Zerkleinerung kumuliert der fertigungsbedingte Energieaufwand alle Aufwendungen ausgehend vom formlosen und formbaren Werkstoff bis hin zum Bauteil; somit ist die Werkstoffherstellung darin nicht enthalten. Einflussnehmend sind der Direktenergieaufwand einzelner Fertigungsverfahren und die Materialausnutzung bei der Formgebung in Abhängigkeit von der Werkstoffgruppe. Der Mehrbedarf an Werkstoff wird durch verwerteten Produktionsabfall gedeckt.

Die Vielfalt möglicher Teileformen und Fertigungsprozesse bedingt eine Auswahl von Bauteilrepräsentanten für die betrachteten Werkstoffgruppen (Bild 18). Die wesentlichste Annahme zur Ermittlung des fertigungsbedingten Energieaufwands ist der Materialausnutzungsgrad η_M zur Herstellung der genannten Bauteilart. Die dargestellten Werte können als maschinenbautypisch eingestuft werden (DEGNER 1986).

Werkstoffgruppe	Bauteilart	η_M [%]	Fertigungsbedingter Energieaufwand [GJ/t]
Stahl	Stabstahl, spanend bearbeitet	49	32,2
	Feinblech, kaltgewalzt, gestanzt	73	17,6
	Gesenkschmiedestück	73	32,6
	Feinschmiedestück	85	12,8
Aluminium	Kaltband, gestanzt	59	8,0
	Druckgußteil	90	1,9
Thermoplaste	Spritzgußteil	95	7,0

Bild 18: Fertigungsbedingter Primärenergieaufwand bei ausgewählten Bauteilarten

Verglichen mit dem Primärenergieaufwand für das Zerteilen durch mechanische Zerkleinerungsprozesse ist ersichtlich, dass die „Folge" der erneuten Gestaltgebung aufgrund der für das Urformen notwendigen Schmelzprozesse energetisch schwerer ins Gewicht fällt und für Stahl Verhältnisse weit über 1:100 erreicht.

5 Einfluss der Produktgestalt auf den Energieaufwand beim Recycling von Bauteilen und Werkstoffen

5.1 Recycling von Bauteilen

Wird ein Recycling unter Beibehaltung der Bauteilgestalt durchgeführt, so geschieht das mittels fertigungstechnischer Prozesse der Aufarbeitung und der Instandsetzung (VDI 2243, STEINHILPER 1988). Als Behandlungsprozess für das Produktrecycling wird vorrangig die Aufarbeitung genannt und im folgenden auch behandelt, da sie der Wiederherstellung des ursprünglichen Nennmaßes einschließlich des Abnutzungsvorrats dient und auf ein neues Gebrauchsstadium des Bauteils und letztendlich des gesamten Produkts abzielt (STEINHILPER 1988).

Die Aufarbeitung eines Bauteils setzt dessen zerstörungsfreie Demontage voraus. Diese erfolgt, z.B. aus Anlass einer Bauteilschädigung, im Rahmen einer Instandhaltung gezielt bzw. selektiv, während bei der Austauscherzeugnisfertigung das Produkt vollständig und unabhängig des Schädigungsgrades seiner Bauteile zerlegt wird. Der damit verbundene Energieaufwand ist dementsprechend zuzuweisen (siehe Kap. 4.1). Das demontierte Bauteil wird daraufhin gereinigt, geprüft und in drei Zustände

a) direkt wiederverwendbar,
b) nach Aufarbeitung wiederverwendbar,
c) nicht wiederverwendbar (zu verwerten)

klassifiziert. Im folgenden steht Fall b) im Vordergrund der Betrachtung.

Die Aufarbeitung des vereinzelten Bauteils beinhaltet oftmals die Fertigbearbeitung auf Nennmass und Nennoberfläche, dem eine - aus energetischer Sicht interessante - Materialergänzung vorangehen kann. Typische Verfahren der Materialergänzung sind Auftragsschweißverfahren, thermisches Spritzen, elektrolytische Abscheidung und, bei rotationssymmetrischen Bauteilen, das Pressfügen von Buchsen. Welches Verfahren konkret zur Anwendung kommt, hängt von der Bauteilgestalt, dem Beanspruchungsfall und der erforderlichen Schichtdicke ab.

Der kumulierter Energieaufwand des unter Materialergänzung aufgearbeiteten Einzelteils bezieht sich auf das verbleibende aufgetragene Volumen (Bild 19). Es ergibt sich aus der Differenz zwischen dem Nennmass und dem bei der Materialergänzung aufgetragenem Volumen (HILBIG 1990) Den durchgeführten Berechnungen liegen Daten aus verschiedenen Literaturquellen zugrunde (DEGNER 1986, KUNZMANN 1989, LEOPOLD 1989, HILBIG 1990).

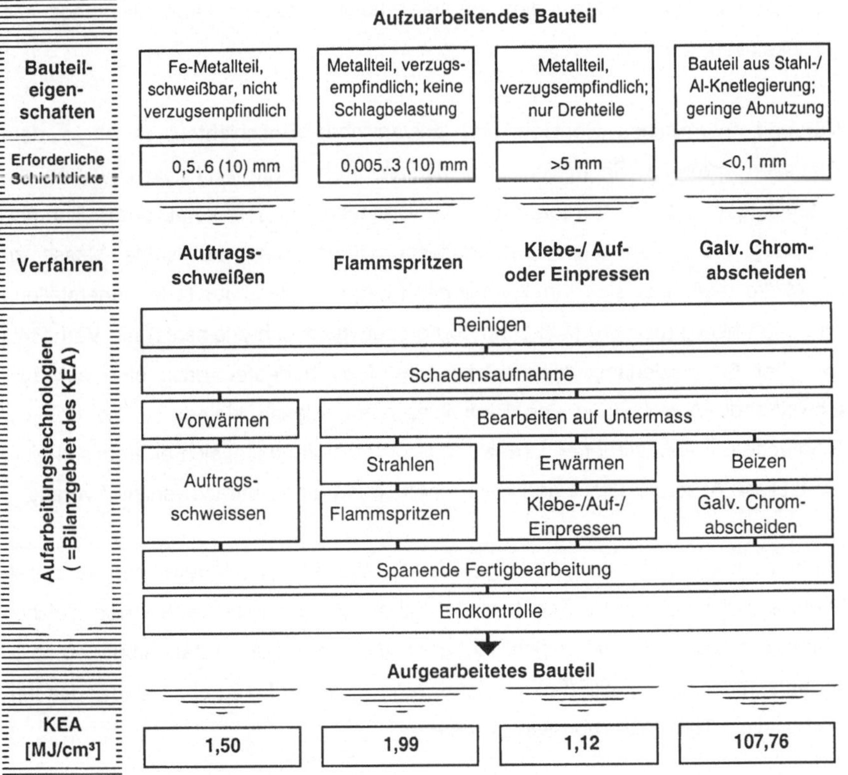

Bild 19: Kumulierter Energieaufwand der Bauteilaufarbeitung (bezogen auf das verbleibende aufgetragene Volumen) in Abhängigkeit konstruktiver Bauteilmerkmale und der erforderlichen Schichtdicke

Der kumulierter Energieaufwand auftraggeschweißter Teile beträgt 1,50 MJ/cm^3 und sinkt um ca. 21 Prozent, wenn das Vorwärmen entfällt. Diese Möglichkeit besteht bei Gundwerkstoffen geringer Materialdicke und geringer Versprödungs- und Rissempfindlichkeit. Beim thermischen Spritzen mit Stahl wurden nur Flammspritzverfahren berücksichtigt. Kommen Plasmastrahlspritzverfahren zum Einsatz, steigt der kumulierte Energieaufwand auf das Siebenfache des dargestellten Wertes von 1,99 MJ/cm^3 (HILBIG 1990). Davon unerreicht bleibt der kumulierte Energieaufwand für galvanisch abgeschiedenes Chrom von 107,76 MJ/cm^3, wobei auch das galvanische Abscheiden von Eisen mit ca. 51 MJ/cm^3 energetisch vergleichsweise aufwendig ist. Günstig erscheint das Fügen von Bauteilen als materialergänzende Maßnahme bei rotationssymmetrischen Innen- und Aussenprofilen. Eine zu große Schwächung des verbleibenden Bauteilkerndurchmessers kann allerdings die Festigkeit verringern.

Während thermisches Spritzen und galvanisches Beschichten vorrangig dem Herstellen spezieller Schutzschichten dienen, steht beim Auftragsschweißen die Materialergänzung im Vordergrund. Die Umrechnung des kumulierten Energieaufwands von 1,50 MJ/cm^3 auftragsgeschweißtem Stahl auf seine Masse zu 191 MJ/kg zeigt, dass sich zum kumulierten Energieaufwand der Teileneuherstellung mit ca. 30 MJ/kg (bzw. 18 MJ/kg bei 100 prozentigem Schrotteinsatz) ein Verhältnis von über 6:1 beziehungsweise 10:1 ergibt. Dies bedeutet, dass eine auftragsschweißende Aufarbeitung von Bauteilen, deren Masse kleiner ist als das ca. Zehnfache der aufzutragenen verbleibenden Werkstoffmasse, sich energetisch nicht lohnt. Diese Aussage setzt einen identischen Grund- und Auftragswerkstoff voraus.

Der kumulierte Energieaufwand aufgearbeiteter Bauteile ist mit dem neuproduzierter Bauteile vergleichbar, falls Funktion und Lebensdauer beider Bauteilarten gleiches Niveau aufweisen. Verändert sich die Lebensdauer nach der Aufarbeitung, so sollte der entsprechende kumulierte Energieaufwand KEA_{AA} auf die Lebensdauer des neu hergestellten Teils KEA_H normiert werden:

$$KEA'_{AA} = KEA_{AA} + KEA_H \left(1 - \frac{LD_{AA}}{LD_{NP}}\right) \qquad \text{Gl. 7}$$

Die Herstellung eines Bauteils schließt den Einsatz von Sekundärmaterial nicht aus und muss im konkreten Fall festgelegt werden. Für die Lebensdauer LD können typische Gebrauchs- oder Zeiteinheiten eingesetzt werden.

Die Aufarbeitung kann gegebenfalls zu Veränderungen des Energieaufwands während des Gebrauchs der übergeordneten Baugruppe oder des gesamten Produkts führen. So wirkt sich eine Gewichtsveränderung durch Aufarbeitung direkt auf den Energieaufwand beim Gebrauch von Fahrzeugen aus. Indirekte Wirkungen können, beispielsweise im negativen Fall, durch „entgangene Innovationen" hervorgerufen werden, wenn Neuteile mit identischer Funktion einen geringeren Energieaufwand beim Gebrauch der Baugruppe oder des Produkts bewirken. Unter Verwendung der in Gl. 7 getroffenen Aussagen gilt dann für einen energetischen Vergleich von Bauteilen identischer Funktion über die Zeit LD_0 mit n_A Aufarbeitungszyklen

$$\Delta KEA = n_A (KEA_{NP} - KEA'_{AA}) + \Delta KEA_{G,LD_0} \qquad \text{Gl. 8}$$

mit $\Delta KEA_{G,LD0}$ als Differenz zwischen den Energieaufwendungen während des Gebrauchs des aufgearbeiteten und des Neuteils über LD_0.

Der kumulierte Energieaufwand der Bauteilaufarbeitung wird von der Bauteilgestalt nur beeinflusst, wenn diese in einen eindeutigen Zusammenhang zur Verfahrenswahl, die ansonsten vielfach anderen Einflüssen unterliegt, und der Abnutzung gestellt werden kann. Aus energetischen Gründen sollten demnach galvanische Beschichtungen nur dann zum Einsatz kommen, wenn eine 20-30fache Verschleißminderung zu erwarten ist. Wurde die Abnutzung auf kleine Teile gelenkt, ist ihre Verwertung anstelle ihrer Aufarbeitung energetisch günstiger. Eine reinigungs-, prüf- und sortiergerechte Bauteilgestaltung wirkt sich zudem positiv auf den zeitabhängigen Nebenenergieaufwand bei der Aufarbeitung auf.

5.2 Recycling von Werkstoffen

5.2.1 Recycling von Stahl

5.2.1.1 Beschreibung der Verwertungsprozesse und Festlegung der Prozessparameter

Das industrielle Recycling von Stahlwerkstoffen findet bereits seit dem 19. Jahrhundert statt und ist bis heute wirtschaftliche Triebfeder für das Recycling maschinenbaulicher Produkte, die zu über 60% zum inländischen Aufkommen an Altschrott beitragen (BDS 1984). Aus ihm werden ungefähr ein Drittel des Schrottverbrauchs der Stahlwerke und Giessereien bestritten (BDS 1995).

Dominierendes Stahlrecyclingverfahren mit einem Anteil von über 60% am bundesdeutschen und auch weltweiten Schrottverbrauch ist das Einschmelzen im Elektroofen, der einen ausschließlichen Schrotteinsatz erlaubt (BDS 1995). Der Energieeintrag erfolgt mittels Lichtbogen oder Induktion, wobei letzteres Verfahren einen geringen Anteil an der Elektrostahlproduktion hat. Der verbleibende Schrottanteil wird überwiegend im Sauerstoffblas-Konverter mit ca. 20%igem Anteil am Gesamteinsatz verwertet. Primärer Zweck des Schrotteinsatzes im Konverter ist seine Funktion als Kühlmittel im Oxidationsprozess. Aus den genannten Gründen konzentrieren sich die folgenden Ausarbeitungen auf das Stahlrecycling im Elektrolichtbogenofen (ELB-Ofen).

Der Prozess gestaltet sich zeitlich und in seinen Schritten in Abhängigkeit von der zu erschmelzenden Stahlsorte (Bild 20). Aus Stahlaltstoffen, die aus maschinenbaulichen Produkten stammen, werden vorwiegend Massenbaustähle erzeugt. Dem Einschmelzen schließt sich eine kurze Frischperiode an, nach der abgestochen wird. Für den eher seltenen Fall des Recyclings legierter Stahlaltstoffe wird nach dem Einschmelzen ausreichend gefrischt, um oxidable Verunreinigungen zu entfernen. Der damit verbundene Abbrand der Legierungsmetalle wird unter Aufbringung einer neuen, reduzierend wirkenden Schlacke beim Feinen ausgeglichen. Gleichzeitig kann weitgehend entschwefelt und desoxidiert werden.

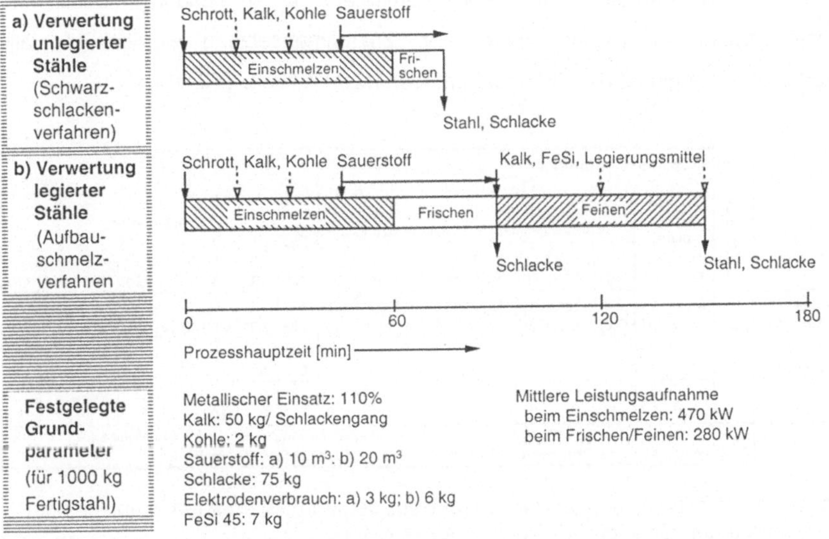

Bild 20: Beschreibung der verwendeten Prozesse und ihrer Grundparameter für die Stahlschrottverwertung im ELB-Ofen

Die für energetische Betrachtungen notwendige Festlegung der Grundparameter wurde in Anlehnung an die einschlägige Literatur durchgeführt (WINNACKER 1973, BURGHARDT 1982, HABERSATTER 1991). Sie entsprechen metallurgischen Aufwendungen, die unabhängig von der stofflichen Qualität des Schrotteinsatzes bestehen.

5.2.1.2 Einfluss der Altschrottqualität auf den kumulierten Energieaufwand beim Stahlrecycling

Die Einhaltung der zuvor beschriebenen Prozessfestlegungen zum Stahlrecycling setzt eine ausreichende Qualität des Schrotteinsatzes voraus. Die offizielle inländische Schrottsortenliste kategorisiert Schrotte nach ihrer physikalischen Beschaffenheit sowie der Herkunft oder Art der Vorbehandlung und fordert, dass die definierten Schrottsorten frei von verhüttungsschädlichen Bestandteilen sein sollen. Die europäische Stahlschrottsortenliste folgt ähnlichen Kriterien und führt darüber hinaus angestrebte Analysenwerte in Abhängigkeit von der Schrottsorte an, die praktische Höchstwerte aus unterschiedlichen Mitgliedsländern widerspiegeln.

Konkrete Obergrenzen für Begleitelementen unter Bildung bestimmter Schrottgruppen nach ihrer chemischen Zusammensetzung wurden ebenfalls erarbeitet und regional zum Standard erhoben (MEYER 1983, TGL 10649/01).

Schrott-gruppe	Begleitstoffe/-elemente																		
	Nichtmetalle	sich ab-schei-dend		selbständig in die Schlacke gehend				zum Teil in die Schlacke zu bringen				nicht entfernbar							
		Pb	Zn	Al	V	Ti	Si	Mn	Cr	P	S	As	Sb	W	Mo	Co	Ni	Sn	Cu
Tiefzieh-stahlschrott	2,0	<< 0,1	4,0	2,0 (3,0)	2,0 (3,0)	2,0 (3,0)	1,5 (2,5)	3,0 (4,0)	0,2	0,1 (0,3)	0,1 (0,2)	<< 0,05	<< 0,01	<< 0,03	<< 0,03	0,1	<< 0,03	<< 0,01	<< 0,07
unlegierter Stahlschrott	"	"	"	"	"	"	"	"	0,6	"	"	<< 0,1	<< 0,1	<< 0,05	<< 0,05	"	<< 0,1	<< 0,03	<< 0,3
Automaten-stahlschrott	"	0,3	"	"	"	"	"	"	"	"	0,5	"	"	0,05	0,05	"	0,1	"	"

Nicht geklammerte Angabe = Obergrenze, bei der die Entfernung mit verfahrenstypischem Aufwand erfolgt
Geklammerte Angabe = Obergrenze, bei der die Entfernung mit zusätzlichem Aufwand erfolgt

Tabelle 4: Vorschlag zu Obergrenzen für Begleitstoffen/ -elementen in unlegiertem Stahlschrott unterschiedlicher Qualität (MEYER 1983)

Schrotte unlegierter Stähle können in die drei Qualitätsgruppen Tiefziehstahlschrott, unlegierter Stahlschrott und Automatenstahlschrott eingeteilt werden (Tabelle 4). Die dargestellten Obergrenzen gehen zurück auf verabredete, höchst zulässige Anteile der Elemente in unlegierten Stählen unter Berücksichtigung der bereits festgelegten, üblichen metallurgischen Arbeit im ELB-Ofen.

Der Anteil an entfernbaren Begleitelementen kann, wie in Tabelle 4 ersichtlich, über ein ideales Maß ansteigen und erfordert dann zusätzlichen metallurgischen Aufwand für ihre Entfernung. Bezogen auf die Grundparameter (siehe Bild 20) bedeutet dieser Mehraufwand bei erhöhtem Anteil

- *anorganischer Nichtmetalle um 1%* zumindest eine Erhöhung der Schlackenmenge um ca. 28% bei entsprechender Korrektur der Schlacke mit Kalk, erhöhte Einschmelzarbeit und den Ausgleich von ca. 0,3% oxidiertem Eisen durch neuen Rohstahl;
- *von Aluminium um 1%* zumindest den fast doppelten Bedarf an Sauerstoff ($9{,}7 m^3$), eine Erhöhung der Schlackenmenge um ca. 56% bei entsprechender Korrektur der Schlacke mit Kalk und den Ausgleich von ca. 0,5% oxidiertem Eisen durch neuen Rohstahl;

- *von Phosphor oder Schwefel auf weit über 0,1%* bei geforderten P- und S-Gehalten im Stahl unter 0,05% (Ausnahme: Automatenstahl), eine erneute, oxidierende Schlackenführung, 50kg Kalk, 5m³ Sauerstoff, weitere 15 Minuten Frischzeit und den Ausgleich von 1,5% oxidiertem Eisen durch neuen Rohstahl[1].

Wird der Anteil entfernbarer Begleitstoffe durch metallurgischen Mehraufwand praktisch nicht mehr korrigierbar oder übersteigt der Anteil nichtentfernbarer Begleitstoffe die jeweiligen Obergrenzen, muss neu erschmolzener, begleitstoffarmer Rohstahl zugesetzt werden. Folglich sinkt die Recyclingquote des zu erschmelzenden Stahls. Für die Menge m_S der Schmelze aus Altstahl beträgt die notwendige Zusatzmenge m_{RS}

$$m_{RS}[kg] = \frac{m_S[kg] \cdot (BS_{Ist} - BS_{Soll})}{BS_{Soll} - BS_{RS}} \qquad \text{Gl. 9}$$

in Abhängigkeit vom zu erreichenden Anteil des jeweiligen Begleitstoffes BS_{Soll}, seinem vorliegenden Anteil BS_{Ist} in der Altstahlschmelze und seinem Anteil im Rohstahl BS_{RS}. Ein geringerer Anteil des betreffenden Begleitstoffs im Rohstahl als in der Altstahlschmelze ist hierbei Voraussetzung.

Erhöhte Anteile an unerwünschten Begleitstoffen bewirken einen Anstieg des kumulierten Energieaufwands zur Herstellung von 1000 kg unlegiertem Stahl aus derselben Menge Altschrott, der entsprechend den getroffenen Grundannahmen bei idealer Altstoffqualität 6,9 GJ/t flüssiger Stahl beträgt (Bild 21). Randbedingungen zur Bestimmung der Werte sind:

- Der Einsatz an Eisen bleibt konstant 1000 kg; Begleitstoffe sind „Anhaftungen".
- Thermisch inerte Anhaftungen führen zu einer proportional höheren Einschmelzzeit. Bei Aluminium wird beispielsweise dieser Effekt kompensiert.
- Der Verlust der Anhaftungen wird energetisch nicht berücksichtigt.
- Der Ausgleich für den Abbrand von Eisen durch erhöhte Schlackemengen wird wie Rohstahl mit einem kumulierten Energieaufwand von 20 GJ/t bewertet.

---

[1] Der Schwefelgehalt sollte im Stahl normalerweise 0,025% nicht überschreiten (BDS 1984)

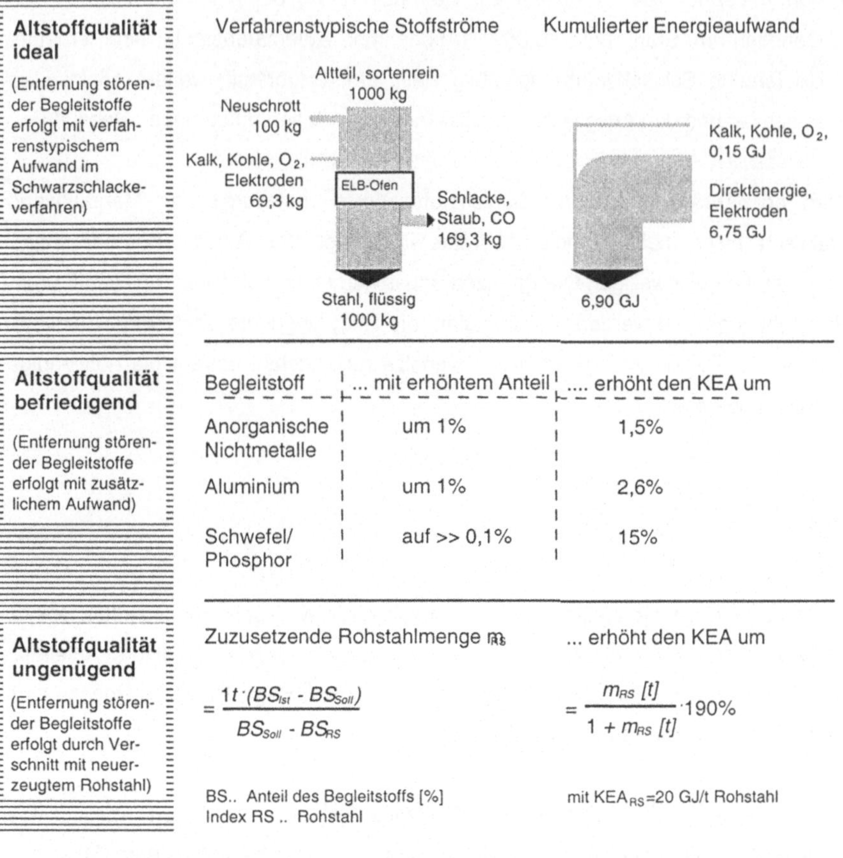

Bild 21: Übersicht zu den Auswirkungen des Anteils ausgewählter Begleitstoffe auf den kumulierter Energieaufwand bei der Verwertung von unlegierten Altstahlqualitäten im ELB-Ofen

Erhebliche Auswirkungen auf den kumulierter Energieaufwand hat eine erneute Schlackenführung durch zu hohe Anteile an Schwefel und Phosphor. Energetisch wirksam sind hierbei vor allem die längere Frischzeit sowie der Ersatz des oxidierten Eisens durch Neuware. Der Verschnitt mit begleitstoffärmeren Rohstahl bei ungenügender Altstoffqualität erhöht den kumulierten Energieaufwand des Stahlprodukts degressiv gegen 20 GJ/t um 190%. An dieser Stelle wird besonders deutlich, dass eine geänderte Randbedingung hin zum Verschnitt mit sauberen Neuschrott, der einen kumulierter Energieaufwand von ebenfalls 6,9 GJ/t aufweist, keinerlei energetische Wirkung zeigen würde. Aufgrund des verfolgten kreislaufwirtschaftlichen Ansatzes wäre eine Akkumulation der nicht entfernbaren Elemente im Stahl unvermeidlich, was die Randbedingung des Einsatzes von Rohstahl als Begleitstoffverdünner methodisch begründet.

Für das Recycling legierter Stähle kann auf unterschiedlich feine Altstoffgruppierungen zurückgegriffen werden, die vor allem für die Verwertung von Produktionsabfällen sowie aus dem Abbruch spezieller Anlagenteile (z.B. Chemieanlagenbau, Turbinenbau) von Bedeutung sind (MEYER 1983, TGL 10649/01). Ziel dieser Gruppenbildung, die theoretisch nicht fein und praktisch nicht grob genug vorgenommen werden kann, ist eine weitgehende Rückgewinnung der Legierungselemente, wie Chrom, Nickel, Molybdän, Wolfram, Kobalt und Mangan. Dieses Ziel beinhaltet den Erhalt dieser Elemente in den Legierungsgruppen, um den Verschneideaufwand zu minimieren.

Im Hinblick auf die Herstellung einer legierten Stahlsorte gilt, ähnlich wie bei unlegiertem Stahl, für die erforderliche Altstoffqualität, dass die Anteile nicht erwünschter (Legierungs-)Elemente sowie Verunreinigungen bestimmte Obergrenzen, die denen für unlegierten Stahl weitgehend gleichen, nicht überschreiten sollten. Darüber hinaus ist die Altstoffqualität um so besser, je geringer die Fehlanteile der Legierungselemente *LM* sind. Der erforderliche Ausgleich mit einem Legierungsmittel m_{LM} berechnet sich hierbei für geringe Mengen zu

$$m_{LM}[kg] = \frac{m_S[kg] \cdot (LE_{Soll} - LE_{Ist})}{LE_{LM}} \quad ; m_{LM} << m_S \qquad \text{Gl. 10}$$

mit m_s der Menge der Stahlschmelze, $(LE_{Soll}-LE_{Ist})$ dem Fehlgehalt des Legierungselements und LE_{LM} als Gehalt des Legierungselements im Legierungsmittel (BURGHARDT 1982).

Auch bei idealer Altstoffqualität ist bei Anwendung des Aufbauschmelzverfahrens aufgrund des ausgiebigen Frischens zur vollständigen Entfernung oxidabler Begleitstoffe und -elemente ein Nachlegieren notwendig, wenn selbständig in die Schlacke gehende Elemente, wie Vanadium und Titan, gleichzeitig Legierungselemente sind. Verluste ergeben sich ebenfalls bei den Legierungselementen

Mangan und Chrom, die teilweise in die Schlacke gehen. Das Nachlegieren mit den genannten Elementen erfolgt, nachdem die Feinungsschlacke aufgebracht sowie Desoxidationsmittel zugegeben wurden. Der kumulierte Enenrgieaufwand dieses Verfahrens zum Recycling legierter Stähle beträgt 9,62 GJ/t Flüssigstahl (Bild 22).

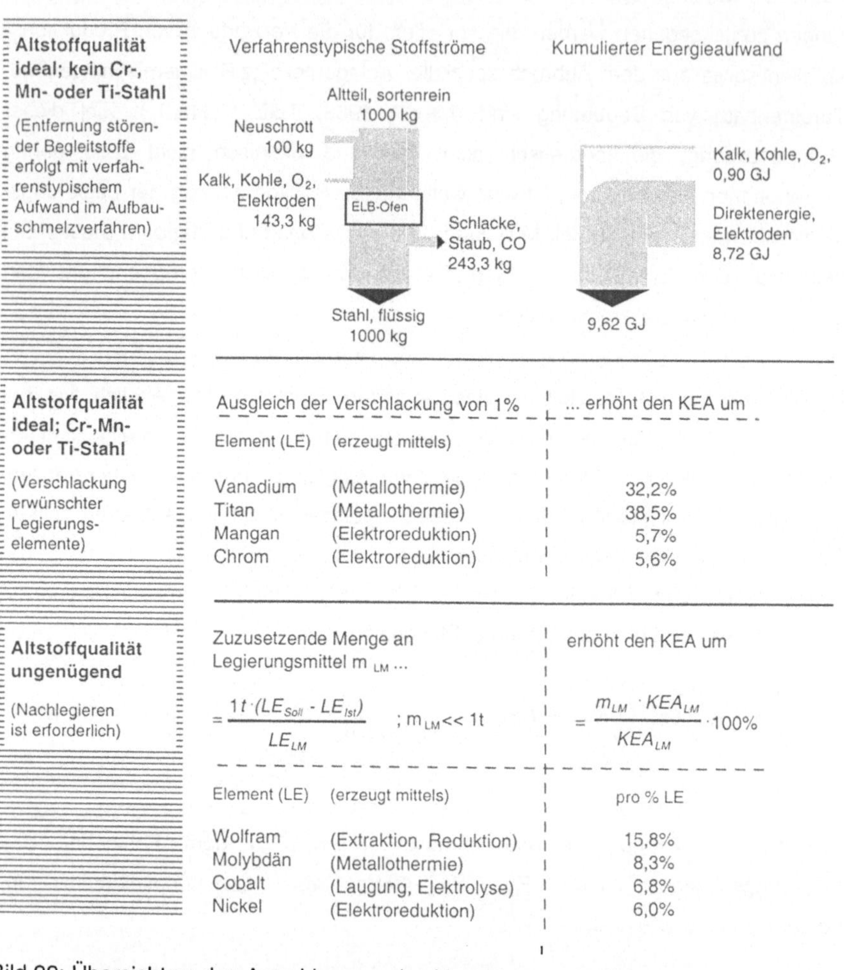

Bild 22: Übersicht zu den Auswirkungen des Verlusts ausgewählter Legierungselemente auf den kumulierten Energieaufwand bei der Verwertung von legierten Altstahlqualitäten im ELB-Ofen (berechnet aus WINNACKER 1973, WOLFRAM 1990, MORI 1994)

Über den metallurgisch bedingten Anteil hinaus beeinflussen Differenzen an Legierungselementen den kumulierten Energieaufwand beträchtlich. Bei einem

Fehlgehalt von 1% der Stahlschmelze steigt der kumulierte Energieaufwand des Recyclings um über 5% bei Chrom bis zu 38% bei Titan als auszugleichende Legierungselemente. Beide gehen zum Teil bzw. vollständig in die Schlacke über, so dass die Verwertung eines mit diesen Elementen legierten Stahls von vornherein den kumulierten Energieaufwand des Referenzprozesses übersteigt. Liegt der Altstoff ohne Verunreinigungen und Beimischungen in idealer Qualität vor, kann auch auf das Frischen verzichtet und so durch reduzierendes Umschmelzen der Abbrand verhindert werden. Dieses Verfahren ist im wesentlichen dem Einsatz von Neuschrott vorbehalten.

5.2.1.3 Qualitative und energetische Einflüsse der Vorbehandlungsprozesse auf das Stahlrecycling

Durch vielfältige Prozesse zur Vorbehandlung ist es möglich, ausgehend von der Stahlfraktion im Gemisch in Form eines maschinenbaulichen Produkts die Altstoffqualität positiv zu beeinflussen und eine hohe Recyclingquote zu sichern. Diese Einflussmöglichkeiten sind zu berücksichtigen, bevor Schlussfolgerungen auf die Produktgestaltung formuliert werden können.

Die Vorbehandlung zum Stahlrecycling erfolgt durch fertigungs- oder aufbereitungstechnische Verfahrensschritte bzw. deren Kombination (Bild 23). Die erzielbare Ausbringung, Sortenreinheit und Sauberkeit des Stahlschrotts gestalten sich je nach Verfahren unterschiedlich und können nur bei einer Demontage mit anschließender manueller Sortierung jeweils 100% erreichen, falls die konstruktiven Voraussetzungen gegeben sind, Möglichkeiten zur Legierungsidentifikation vorliegen und Schutzschichten die erreichbare Sauberkeit nicht einschränken.

Bei der aufbereitungstechnischen Vorbehandlung kann nach einer Zerkleinerung die eisenmetallische Komponente magnetisch separiert werden. Eventuell vorhandenes Gußeisen, das durch hohe Phosphorgehalte bis zu 1% als stahlunverträglich gilt, kann nur noch durch Klaubung entfernt werden. Der so erhaltene Stahlschrott kann unlegierte und legierte Sorten mit ferromagnetischen Eigenschaften, d.h. ferritischen, perlitischen oder martensitischen Gefügeanteilen, enthalten. Austhenitische

Altstähle, zumeist mittel- bis hochlegierte Chrom-Nickel-Stähle, werden von Nicht- und Leichtmetallen durch Schwimm-Sink-Scheidung bzw. Wirbelstromabscheidung separiert und können bei Anwesenheit von NE-Schwermetallen, wie z.B. Kupfer und Zink, heute sicher nur durch automatisierte oder manuelle Klaubung nach Vereinzelung entfernt werden. Die erzielbare Sortenreinheit des Stahlprodukts aus der mechanischen Aufbereitung ist auf die Aufkonzentration ferromagnetischer Stähle begrenzt, wenn keine Identifikationsmethoden z.B. mittels Röntgenfluoreszenzanalyse oder Atomspektroskopie angewendet werden.

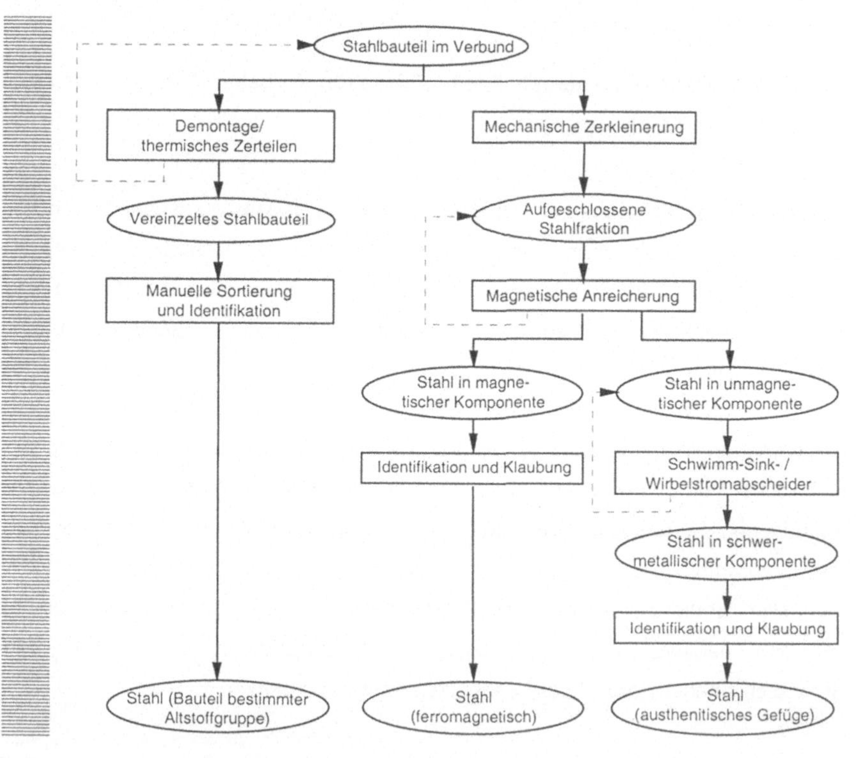

Bild 23: Prozessvarianten zur Vorbehandlung beim Stahlrecycling

Die erzielbare Ausbringung sowie Sauberkeit des Stahlschrotts durch Aufbereitung hängen von den durch Zerkleinerung erzielten Aufschlussverhältnissen und dem anschließenden Sortierprozess ab. Es wurde bereits im Kapitel 4.1 erläutert, dass die vorliegenden Aufschlussverhältnisse im Produkt darauf wesentlichen Einfluss haben. Das wird deutlich in einem Vergleich der Ne-Metall-Anteile der magnetischen Fraktion von Altautos, Elektromotoren und elektrotechnischem Schrott nach gleicher Aufbereitung im Shredder mit Windsichtung und anschließender Magnetabscheidung (Bild 24). Durchschnittliche Analysewerte von Scheren- und Shredderschrott zeigen, dass durch Shreddern erzeugte Aufschlussverhältnisse zu besseren Qualitäten des erzeugten Stahlschrotts führen.

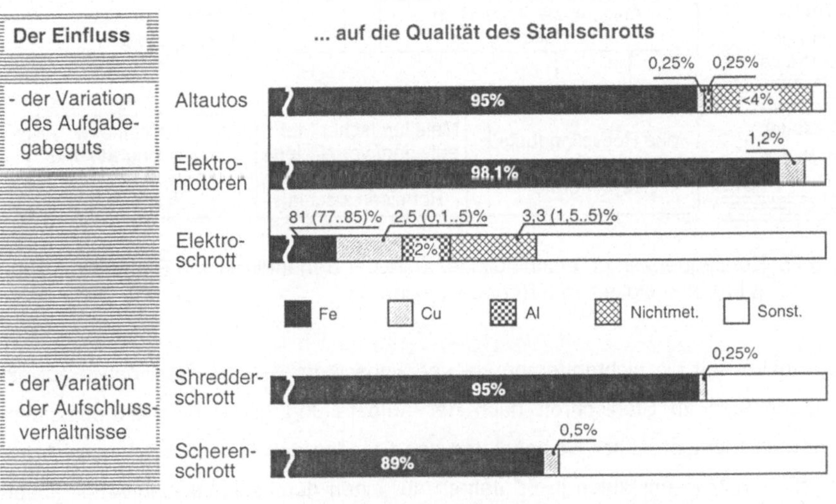

Bild 24: Veränderungen der Altschrottqualität durch Variation des Aufgabeguts und der Aufschlussverhältnisse (nach HUROP 1986, OETJEN-DEHNE 1992, BIRAT 1995)

Ausbringung und Sauberkeit sind bei gegebenen Aufschlussverhältnissen konträre und daher zu optimierende Zielgrößen, die sich allerdings an den geforderten und im vergangenen Kapitel diskutierten Qualitätsanforderungen orientieren müssen, wenn eine hohe Recyclingquote erreicht werden soll (Bild 25). Für die Magnetabscheidung ist eine gute Ausbringung der eisenmetallischen Komponente in der Regel charakteristisch und kann bei ungenügendem Aufschluss zu Lasten der Sauberkeit gehen. Nicht aufgeschlossene Fremdkomponenten, wie Kupfer aus Motoren und Kabel, können nur noch bei nachfolgender Klaubung entfernt werden. So weist Hurop et al. für die Aufbereitung elektrotechnischer und elektronischer Schrotte mit deren Zerkleinerung im Hammerbrecher und anschließender Magnetabscheidung darauf hin, dass bei Verwendung von Überbandmagneten der Stahlgehalt im unmagnetischen Produkt zu 0,5 bis 2% und bei Verwendung von Trommelmagneten mit oberer Aufgabe bis zu 0,04% erreicht, d.h. die Stahlausbringung im magnetischen Produkt sehr gut ist, dessen Sauberkeit allerdings mit 5 bis 10% Kupfer metallurgisch nicht tragbar ist (HUROP 1986).

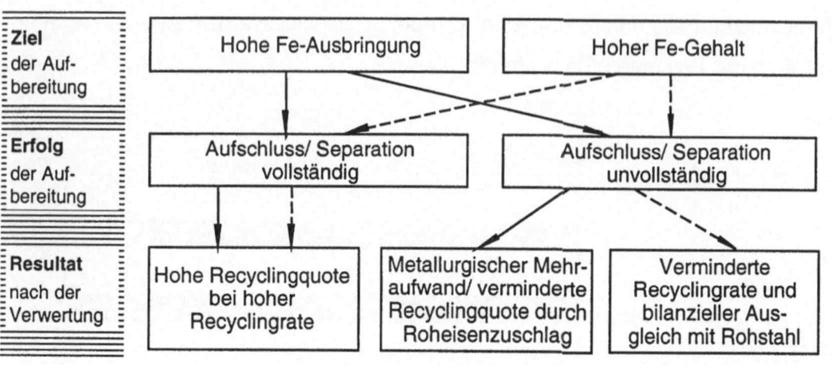

Bild 25: Konsequenzen unterschiedlicher Ziele der Behandlung von Stahlschrott zum Recycling in Abhängigkeit vom Behandlungserfolg

Im Hinblick auf die nichtentfernbaren, unerwünschten Eisenbegleiter sowie auf die Komponenten im Stahlschrott nach der Aufbereitung gilt Kupfer als besonders kritisches Element. Unter Beibehaltung des Standes der Technik wird seine Akkumulation in Massenstählen in 50 Jahren auf einen durchschnittlichen Anteil knapp unter 0,5% prognostiziert (BIRAT 1995). Eine Verdünnung mit Rohstahl und somit eine Absenkung der Recyclingquote kann nur durch besser aufschließende und separierende Aufbereitungsverfahren verhindert werden, deren Nutzen den Aufwand jedoch rechtfertigen muss.

Für die Berücksichtigung des energetischen Einflusses der Aufbereitung auf die Verwertung von Stahl ist der Verfahrensaufwand selbst sowie der Beitrag der Aufbereitung zur Einhaltung der Obergrenzen für Verunreinigungen sowie zum Erhalt der Legierungselemente bestimmend. Der Verfahrensaufwand beinhaltet sowohl den Energieverbrauch der Zerkleinerungs- und Sortierverfahren als auch die Eisenverluste im Stoffstrom, die mit Rohstahl ausgeglichen werden und so die Recyclingrate und Recyclingquote vemindern. Die erreichte Endkorngröße bestimmt weitestgehend den Energieaufwand bei der Zerkleinerung sowie, in Abhängigkeit von den im Aufgabegut vorliegenden Aufschlussverhältnissen, den Trennerfolg bei der Magnetabscheidung. Die Zusammensetzung des magnetischen Produktes, gleichbedeutend mit der Altstoffqualität, bestimmt den Aufwand der Stahlverwertung und die endgültige Recyclingquote durch den Zusatz von Rohstahl oder Legierungsmitteln.

Die genannten Einflüsse wurden zur Ermittlung des kumulierten Energieaufwands für das Altstoffrecycling unlegierten Stahls in einem Nomogramm zusammengefasst (Bild 26). Im ersten Quadranten wird der Energieaufwand bei der Aufbereitung ermittelt und kann bei Bedarf an der Ordinate abgelesen werden. Der zweite Quadrant dient zur Berücksichtigung des Rohstahlzusatzes oder des Mehraufwandes einer zweiten Schlackenführung aufgrund zu hoher Phosphor- oder Schwefelwerte.

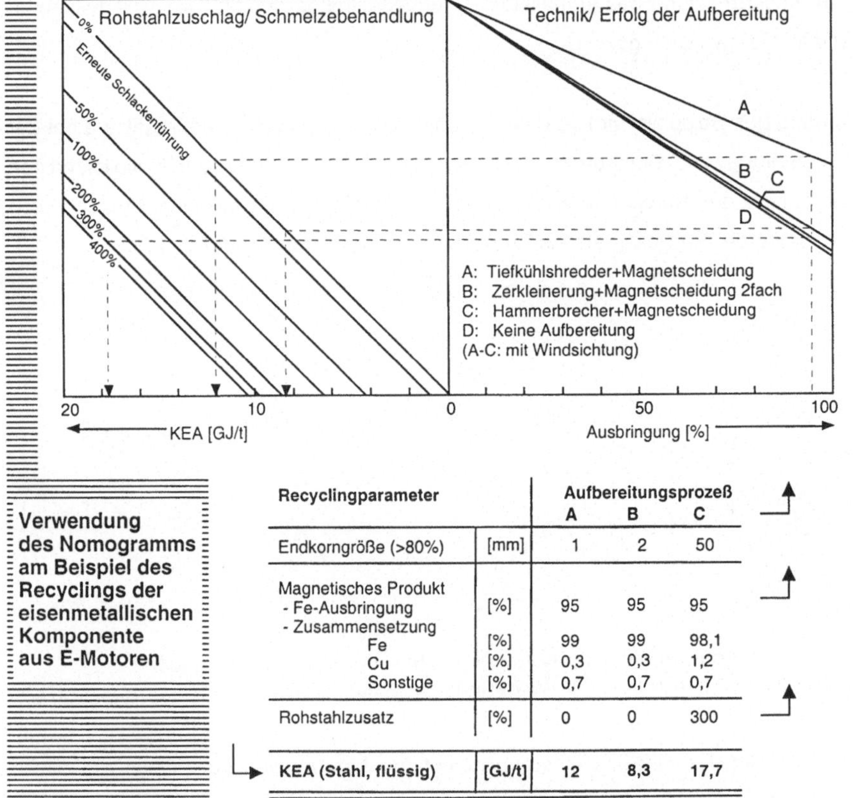

Recyclingparameter		Aufbereitungsprozeß A	B	C
Endkorngröße (>80%)	[mm]	1	2	50
Magnetisches Produkt				
- Fe-Ausbringung	[%]	95	95	95
- Zusammensetzung				
Fe	[%]	99	99	98,1
Cu	[%]	0,3	0,3	1,2
Sonstige	[%]	0,7	0,7	0,7
Rohstahlzusatz	[%]	0	0	300
KEA (Stahl, flüssig)	**[GJ/t]**	**12**	**8,3**	**17,7**

Bild 26: Nomogramm zur Ermittlung des kumulierten Energieaufwands für das Altstoffrecycling unlegierter Stahlsorten

Die Nutzung des Nomogramms setzt die Kenntnis des Aufbereitungserfolgs sowie darauf aufbauend die Berechnung der Menge zuzusetzenden Rohstahls entsprechend den Ausführungen im vorhergehenden Kapitel voraus, wie am Beispiel des Recyclings der Eisenkomponente eines Elektromotors gezeigt wird: Drei unterschiedliche Aufbereitungsprozesse erzeugen zwei verschiedene Qualitäten des magnetischen Produkts bei einer einheitlichen Ausbringung von 95%. Bei der Aufbereitung mittels Hammerbrecher und Magnetscheidung wird ein magnetisches Produkt mit 1,2% Kupfer erzeugt. Ausgehend von der Obergrenze für Kupfer von 0,3% (entsprechend Tabelle 4) ergibt sich eine Verdünnung mit 300% kupferfreiem Rohstahl. Die anderen zwei Aufbereitungsprozesse erzeugen ein magnetisches Produkt, dessen Qualität keinen Mehraufwand bei der Verwertung erfordert. Die grafische Ermittlung des kumulierten Energieaufwands der drei Recyclingvarianten wird im Nomogramm gezeigt.

Anhand des Beispiels wird verdeulicht, dass ein energetischer Mehraufwand bei der Aufbereitung zur Erzeugung eines sauberen Stahlschrotts durch vollständigen Aufschluss der Komponenten einen ca. zehnfachen energetischen Nutzen durch Sicherung der Recyclingrate als Recyclingquote bedeuten kann (Bild 27).

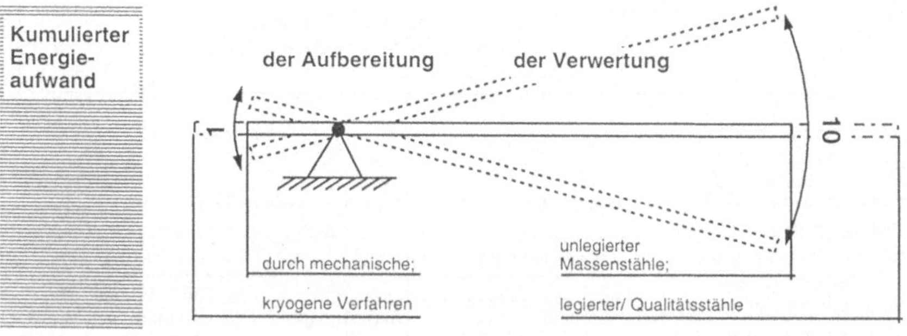

Bild 27: Mehraufwand bei der Aufbereitung bewirkt einen ca. zehnfachen energetischen Nutzen bei der Verwertung zum Stahlrecycling

Im Falle der Tiefkühl-Zerkleinerung nimmt der Mehraufwand allerdings erhebliche Werte an und entspricht ungefähr dem Zusatz von 50% Rohstahl, nachdem mittels Hammerbrecher und Magnetscheider aufbreitet wurde.

5.2.1.4 Schlussfolgerungen für den Einsatz von Stahlwerkstoffen in maschinenbaulichen Produkten

Unter Berücksichtigung der metallurgischen und aufbereitungstechnischen Möglichkeiten einer Kreislaufführung der in Altprodukten eingesetzten Stahlwerkstoffe werden im folgenden gestaltsbedingte Einflüsse auf den energetischen Aufwand

- der Prozessdurchführung,
- durch verlustbedingten Neumaterialeinsatz und
- durch qualitätsbedingten Neumaterialeinsatz

diskutiert und Schlussfolgerungen für den Einsatz von Stahlwerkstoffen in maschinenbaulichen Produkten abgeleitet.

Für eine Verwertung von Stahlschrotten bei minimalem Energieaufwand ist die Begrenzung der Anteile entfernbarer und zum Teil entfernbarer Begleitstoffe und -elemente erforderlich. Anhand der aufgezeigten Separiermöglichkeiten durch eine mechanische Aufbereitung können folgende Stoffe die Obergrenze überschreiten:

- Phosphor: Eintrag in die magnetische Komponente durch Grauguß, dessen P-Gehalt insbesondere für dünnwandige Teile das bis zu 100fache des im normalen Stahl üblichen Anteils enthalten kann;
- Schwefel: Eintrag in die magnetische Komponente durch Automatenstahl, dessen S-Anteil um 10-20 mal höher als im normalen Stahl ist; durch Gußschrott bei Brandguß oder aufgrund anhaftender Öle und Fette (BDS 1984);

Teile aus Grauguß und Automatenstahl sollten demnach demontagegerecht angeordnet und montiert sein. Der Anteil des Automatenstahls im Produkt sollte so gering wie möglich gehalten werden, da seine Erkennung als Voraussetzung für eine manuelle Separation erschwert ist.

Obwohl Zink selbständig abgeschieden wird, können größere Eintragsmengen einen Sauerstoffüberschuß beim Einschmelzen zur vollständigen Oxidation des Zinkstaubs erfordern (BDS 1984). Zinkbeschichtungen sollten demnach minimiert werden, solange dies nicht dem Erreichen der vorgesehenen Lebensdauer des Stahlbauteils entgegenwirkt.

Verlustbedingter Neumaterialeinsatz lässt sich bei der Aufbereitung vor allem durch vollständigen Aufschluss der Verbindungen zwischen Stahl und anderen Stoffen zur Verringerung des Fehlaustrags, der eine bereits erzielte Recyclingrate schmälert, in die unmagnetische Komponente vermeiden. Hier kann eine zerkleinerungsgerechte Produktgestaltung eine hohe Ausbringung der Eisenkomponente bei Sicherung einer guten Qualität unterstützen (siehe Kapitel 4.2.1).

Der verlustbedingte Neumaterialeinsatz bei der Verwertung hängt vor allem vom Vorhandensein schlackebildender Begleitstoffe ab, die den stoffbedingten Abbrand des Eisens erhöhen. Gleiches gilt für Begleitstoffe, deren Beseitigung eine erneute Schlackenführung und damit erneuten Abbrand erfordert. Verlustbedingter Neumaterialeinsatz wird ebenfalls beim Abbrand erwünschter Legierungselemente beim Recycling legierter Stähle erforderlich. Aufgrund begrenzter Möglichkeiten der Aufbereitung ergeben sich gestaltsbedingte Einflüsse durch folgende Begleitstoffe:

- erneut Schwefel und Phosphor, deren Eintragsmöglichkeiten bereits genannt wurden;
- Nichtmetalle: Eintrag durch unvollständigen Aufschluss von Oberflächenschutzschichten bei der Zerkleinerung;
- Chrom, Mangan, Titan, Vanadium: Eintrag durch legierte Stähle mit magnetischen Eigenschaften in den Massenstahlschrott; Erhalt in bestimmter Legierungszusammensetzung verlangt manuelle Separation.

Der Eintrag von PVC durch anhaftende Kabelreste hat insofern energetische Auswirkungen, dass Anlagenteile, die den Abgasstrom führen und reinigen, vorzeitig verschleißen und instandgesetzt werden müssen. Ähnliches gilt für Blei aus Anstrichen, Loten und Dichtungen, das einen vorzeitigen Anlagenverschleiß bewirkt (BDS 1984). Oberflächenschutzschichten , die insbesondere diese Stoffe enthalten, sollten demnach minimiert werden, solange dies nicht dem Erreichen der vorgesehenen Lebensdauer entgegensteht. Die Verwendung legierter Stähle mit oxidablen Legierungselementen sollte sich bei geringer Werkstoffvielfalt auf wenige Bauteile beschränken, die demontierbar anzuordnen sind.

Der qualitätsbedingte Neumaterialeinsatz ist auf zu hohe Anteile unerwünschter Begleitstoffe oder den Zusatz von Legierungsmitteln beim Recycling legierter Stähle zurückzuführen. Das schließt zu hohe, die Obergrenzen überschreitende Anteile der entfernbaren und teilweise in die Schlacke gehenden Stoffe mit ein. Folgende nicht entfernbaren Elemente ziehen bei ihrem übermässigen Eintrag in den unlegierten Stahlschrott einen qualitätsbedingten Neumaterialeinsatz nach sich:

- Wolfram, Molybdän, Kobalt, Nickel: Beim Recycling unlegierten Stahls Eintrag durch ferromagnetische legierte Stähle, falls keine Klaubung der magnetischen Komponente erfolgt;
- Kupfer, Zinn: Eintrag auch durch Messing in die magnetische Komponente durch unvollständigen Aufschluss der Verbindungen zu Kabeln, Wicklungen oder Hydraulikleitungen; Eintrag in austhenitischen legierten Stahlschrott bei unvollständigem Aufschluss und unzureichender Klaubung.

Prinzipiell ist davon auszugehen, dass die gesamte Eisenfraktion eines maschinenbaulichen Altproduktes zu unlegierten Stahlqualitäten recycelt wird und die Gestaltseinflüsse dementsprechende Effekte und Folgen für den Energieaufwand nach sich ziehen (Bild 28). So liegt der Marktanteil legierter Stahlsorten etwas über 10% und ihr Anteil am Schrottinlandsversand unter 3% (BDS 1984).

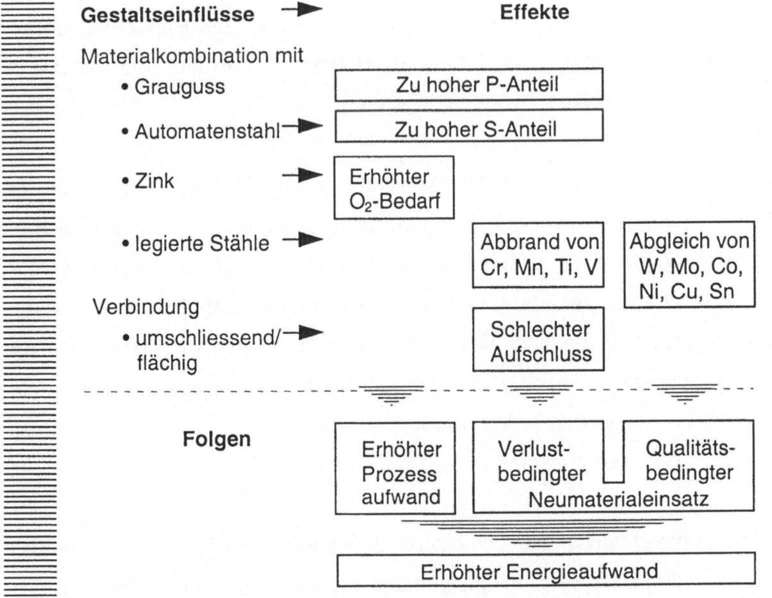

Bild 28: Einflüsse der Produktgestalt auf den Energieaufwand beim Recycling von unlegiertem Stahl

Idealerweise sollte die Gesamtheit der ferromagnetischen Stahlsorten eines maschinenbaulichen Produktes ausschließlich der Baugruppen, die in der Regel wiederverwendet werden, den Obergrenzen der Altstoffgruppe für unlegierten Stahl Genüge leisten. Bauteile aus legiertem Stahl sollten demnach und aus Gründen des maximalen Erhalts der Legierungselemente leicht auffindbar und demontierbar angeordnet werden.

5.2.2 Recycling von Aluminium

5.2.2.1 Einfluss der Altschrottqualität auf den kumulierten Energieaufwand bei der Aluminiumverwertung

Die wohl grössten Energieeinsparungen durch werkstoffliches Recycling von Konstruktionswerkstoffen werden dem Aluminium zugerechnet, dessen primäre Erzeugung einen kumulierten Energieaufwand ab 150 GJ/t aufweist und der auf etwa 5% bei einer ausschließlich sekundären Erzeugung sinkt (KRÜGER 1989, GILGEN 1991, ALKER 1992, BECKER,E. 1993). Im folgenden wird auf die Randbedingungen dieser Aussage unter Ableitung von Schlussfolgerungen für den Aluminiumeinsatz in maschinenbaulichen Produkten näher eingegangen.

Aluminiumaltschrotte werden in Umschmelzhütten verarbeitet und tragen dort zu etwa 35% zum Einsatzmaterial bei. Ihre Verarbeitung findet fast ausschließlich in Drehtrommelöfen unter einer geschmolzenen Salzdecke statt, die sich aus 70% NaCl, 30% KCl und einem Zusatz von CaF_2 zusammensetzt (BECKMANN 1991). Alternativ anwendbare Zwei- oder Dreikammerherdöfen werden bis heute nur für Neuschrotte oder in kontinuierlich großen Mengen anfallende sortenreine Altschrotte (z.B. Dosenschrott) eingesetzt (VAW 1995). Der Aufwand zum Legierungswechsel ist im Vergleich zu Drehtrommelöfen hoch (SCHNEIDER 1970).

Das im Drehtrommelofen umgeschmolzene Aluminium wird raffiniert, eventuell legiert und liegt dann als verarbeitungsfertiges Flüssigmaterial vor (Bild 29). Die abgezogene Salzschlacke enthält Chloride, metallisches Aluminium sowie weitere wasserunlösliche Verbindungen mit Aluminiumoxid als Hauptbestandteil. Diese

Komponenten werden bei der Aufbereitung weitestgehend voneinander getrennt und teilweise im Kreis geführt (BECKMANN 1991). Die Krätze wird mittels Kühlung und anschließendem Mahlvorgang zur Abtrennung des Oxidrückstands aufbereitet und das Aluminium zurückgeführt (ALFARO 1986).

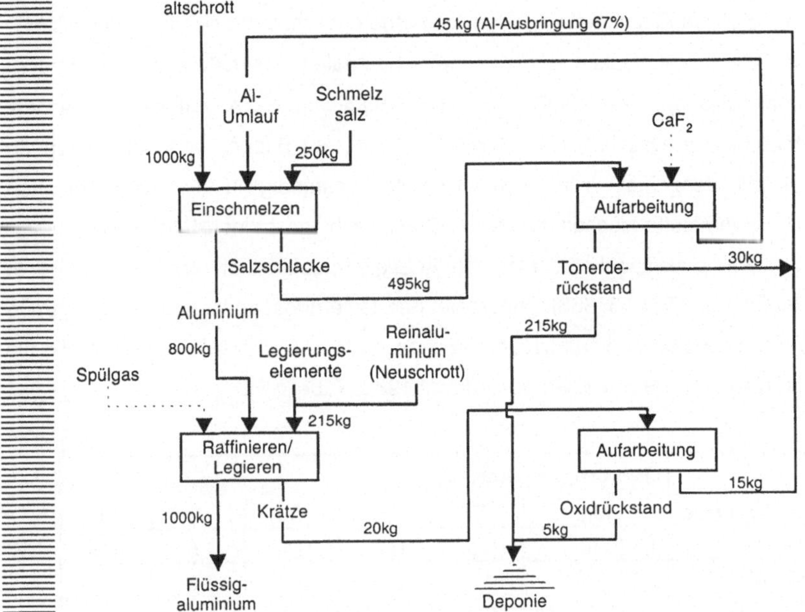

Bild 29: Stofffluss-Schema für den Grundprozess der Wiederverwertung von Aluminium aus Altprodukten (nach ALFARO 1986, BECKMANN 1991, BECKER,E. 1993)

Beim Raffinieren und Legieren werden die Aluminiumverluste durch Zugabe von Neuschrott kompensiert. Dieser muss so chargiert werden, dass die relative Anreicherung von Legierungselementen ausgeglichen wird (RINK 1994). Eine Behandlung mit chlorhaltigem bzw. stickstoffhaltigem Spülgas ist unabhängig von der Altstoffqualität notwendig, um den beim Einschmelzen aufgenommenen Wasserstoff aus der Schmelze zu entfernen. Dabei kann mit einem Chlorverbrauch von mindestens 0,2 bis 0,5 kg oder einem Verbrauch von 0,8 bis 0,9 kg Stickstoff auf 1000 kg Schmelze gerechnet werden (SCHNEIDER 1970, GÖNER 1971).

Beim Einschmelzen unter einer Salzdecke mit dem üblichen metallurgischen Aufwand (entsprechend Bild 29) werden anorganisch-nichtmetallische Beimengungen aus der Schmelze entfernt, wenn ihr Anteil im Altschrott ca. 2% nicht übersteigt (MEYER 1983). Bei höheren Anteilen wird zusätzlich Schmelzsalz benötigt und dadurch proportional mehr Aluminium in die Salzschlacke gebracht.

Unabhängig vom Einschmelzverfahren und -aggregat reichern sich fremdmetallische Bestandteile im Aluminium aufgrund seines unedlen Charakters an und fordern gegebenenfalls den Verschnitt mit reinem Aluminium - im vorliegenden Ansatz Primäraluminium. Das hat, ähnlich wie bei Stahl, zur Bildung von Schrottgruppen geführt mit dem Ziel, nicht alle Altschrotte beständig in die schwerlegierten Aluminiumwerkstoffe fliessen zu lassen. Die Vorschläge ordnen Schrotte nach ihrer Herkunft, was praktikabel erscheint, oder in Legierungsfamilien, was hüttentechnisch vorteilhafter ist (TGL 37666). Innerhalb der legierungsorientierten Schrottgruppe gelten die höchsten Legierungs-Obergrenzen einzelner Werkstoffen gleichzeitig als Obergrenzen der gesamten Gruppe (MEYER 1983, Tabelle 5).

		Obergrenze [Gew.-%]					
Altstoffgruppe		Mg	Si	Fe	Cu	Mn	Zn
1	AlMn	0,3 (0,6)	0,5	0,7	0,1	1,5	0,2
2	AlMg	5,6 (11,2)	0,4	0,5	0,15	0,6	0,25
3	AlMgMn	4,9 (9,8)	0,4	0,55	0,15	1,1	0,25
4	AlMgSi 0,5	0,6 (1,2)	0,6	0,3	0,1	0,1	0,15
5	G-AlSi	0,05 (0,1)	13,5	1,0	0,1	0,4	0,1
6	G-AlSi(Cu)	0,3 (0,6)	13,5	1,3	1,0	0,5	0,5
7	G-AlSiCu	0,3 (0,6)	9,5	1,3	5,0	0,6	2,0

Tabelle 5: Altschrottgruppierung und zugehörige Obergrenzen häufig produzierter Aluminiumlegierungen (MEYER 1983)

Die geklammerten Obergrenzen für Magnesium bedeuten, dass es relativ leicht entfernt werden kann. Das erfolgt in Grenzen (bis auf 0,2%) durch eine Spülgasbehandlung mit Chlor im quantitativen Umsatz zu Magnesiumchlorid (SCHNEIDER 1970). Pro Massenteil Magnesium werden demnach drei Massenteile Chlor benötigt. Weiterhin lassen sich Magnesium und Zink durch Vakuumdestillation aus der

Aluminiumschmelze im Vakuuminduktionsofen bis zu Gehalten von jeweils ca. 0,1% entfernen (ORBON 1995).

Für die Entfernung der restlichen Elemente Silizium, Eisen, Mangan und Kupfer wird das Kristallisationsverhalten nichteutektischer Mehrstofflegierungen genutzt, das durch eine Entmischung der Elemente mit unterschiedlichen Konzentrationen in der festen und flüssigen Phase gekennzeichnet ist. Bei untereutektischen Aluminiumlegierungen erstarrt zuerst das Aluminiummischkristall mit einem geringeren Legierungselementgehalt als der der Schmelze, falls keine peritektische Reaktion stattfindet (SCHATT 1987). Darauf beruht das Fractional Melting, bei dem kurz über der Solidustemperatur der geschmolzene Anteil durch ein Filter gepresst wird. Bei einem Restkuchenanteil von 60%, dem die Ausbringung gleichzusetzen ist, konnten die ursprünglichen Anteile von Eisen (0,45%) und Kupfer (2,36%) auf ca. 0,05% beziehungsweise 0,4% gesenkt werden (GOODWIN 1980). Der so erreichte Kupferanteil ist allerdings für die meisten Knetlegierungen zu hoch (siehe Tabelle 5). Weniger deutliche, jedoch ähnliche Effekte wurden für Magnesium, Zink und Silizium erzielt.

Die Raffination übereutektischer Al-Legierungen ist vor allem für Eisen und Mangan interessant, deren eutektische Konzentrationen im Aluminium jeweils zwischen 1,5 und 2% liegen (SCHNEIDER 1970). Prinzipiell ist die Raffination nur bis zum Eutektikum möglich, doch lässt sich die Löslichkeit dieser Elemente im Aluminium durch Zugabe von Magnesium stark herabsetzen (SCHNEIDER 1970). Beim darauf beruhenden Magnesiumverfahren werden dementsprechend 25 bis 30% Magnesium mit der Al-Legierung eingeschmolzen und die Eisen- und Manganaluminide aus der Al_3Mg_2-Schmelze gefiltert. Das Magnesium und gegebenenfalls Zink kann anschließend abdestilliert werden (ORBON 1995). Die erreichten Eisengehalte können unter 0,1% liegen. Ähnliches gilt für Mangan, wenn zusätzlich das Eisen-Mangan-Verhältnis der Ausgangslegierung gegen Null strebt (SCHNEIDER 1970). Durch die Ausseigerung von Magnesiumsilizid lässt sich gleichzeitig der Siliziumgehalt bis auf ca. 5% reduzieren. Er genügt allerdings nicht der Zusammensetzung von Knetlegierungen.

Nicht weiter entfernbare Anteile an einem Begleitelement können durch Zugabe von Aluminium gesenkt werden, dessen Gehalt an diesem Element unter dem Sollgehalt liegt. Die Zusatzmenge berechnet sich nach der bereits für Stahl aufgezeigten Gleichung 9. Als Zugabemetall wird, ausgehend von einer stationären Kreislaufsituation, Primäraluminium vorausgesetzt.

Der kumulierte Energieaufwand für den Basisprozess wird mit 7,7 GJ/t Aluminium veranschlagt (berechnet aus ALFARO 1986, KRÜGER 1989, HABERSATTER 1991 entsprechend Bild 29). Die dafür notwendige Altstoffqualität kann als ausreichend bezeichnet werden (Bild 30). Eine befriedigende Altstoffqualtät liegt vor, wenn die Entfernung anorganisch-nichtmetallische Beimengungen und Magnesium zu einem energetisch wenig ins Gewicht fallenden Mehraufwand im Basisprozess führt.

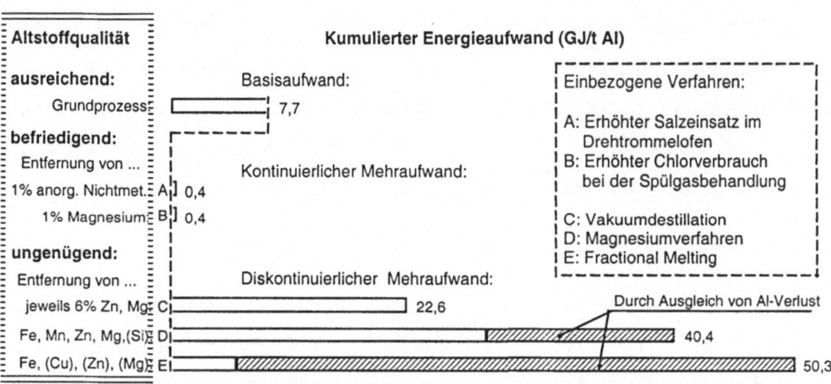

Bild 30: Auswirkungen verschiedener Altstoffqualitäten auf den kumulierter Energieaufwand durch Raffinationsverfahren (berechnet aus SCHNEIDER 1970, GOODWIN 1980, ALFARO 1986, KRÜGER 1989, HABERSATTER 1991, ORBON 1995)

Ungenügend ist die Altstoffqualität - bezogen auf eine zu erzielende Recyclinglegierung - dann zu bezeichnen, wenn andere Legierungselemente außer Magnesium entfernt werden müssen. Energetisch wirksam sind bei diesen Verfahren die zuzuführende Schmelzwärme und auszugleichenden Aluminiumverluste. Der zusätzliche kumulierte Energieaufwand übersteigt den Basisaufwand um ein Mehrfaches, erreicht allerdings nicht den zur Herstellung von Primäraluminium von mindestens 150 GJ/t. Die geklammerten Elemente in Bild 30 lassen sich nicht in dem Masse durch das jeweilige Verfahren entfernen, wie es für alle Altstoffgruppen und vor allem die Knetlegierungen notwendig wäre. Als problematisch sind dahingehend Kupfer und Silizium einzustufen.

Nicht unerwähnt soll ein Verfahren bleiben, das den Einfluss der Altstoffqualität durch hohe Abkühlungsgeschwindigkeiten aus der Schrottschmelze weitgehend beseitigt. Fremdelemente können dann nicht zusammendiffundieren und verfestigende Störstellen ausbilden (SCHATT 1987). Gleichzeitig entsteht ein feinkörniges Gefüge mit annähernd den Eigenschaften von Knetlegierungen. Das Verfahren wird als Rapid Solidification Processing bezeichnet (MOERMANN 1992). Eingeschmolzener Aluminiumschrott aus geshredderten Automobilen wird durch eine Düse zu einem 50 bis 100µm starken Band gegossen, in Flocken geschnitten und kalt kompaktiert. Durch nachfolgendes Heissextrudieren wird die endgültige Dichte erzeugt. Aus der Prozessbeschreibung kann ein kumulierter Energieaufwand von ca. 10 bis 15 GJ/t extrudiertes Material abgeschätzt werden.

5.2.2.2 Qualitative und energetische Einflüsse der Vorbehandlungsprozesse auf das Aluminiumrecycling

Ausgehend vom Aluminiumbauteil im Verbund können alternativ mehrere Vorbehandlungsprozesse zur Aluminiumverwertung durchlaufen werden. Dabei werden unterschiedliche Altstoffqualitäten erzeugt (Bild 31).

Die fertigungstechnische Demontage erlaubt eine nachfolgende Identifikation nicht nur auf Basis werkstoffprüfender Methoden, sondern auch auf Basis produkt- und bauteilspezifischer Merkmale und somit eine Sortierung in beliebig fein wählbare Altstoffgruppen. Die Altstoffqualität ist ausreichend.

Beim kaum noch praktizierten Trennschmelzen werden nach einer manuellen Klaubung der nichtmetallischen Anteile dem Schrott in kurzer Zeit hohe Wärmemengen zugeführt und die Leichtmetalle abgeschmolzen (SCHNEIDER 1970, ALKER 1992). Dabei kann auf den Shredderprozess verzichtet werden. Resultat ist eine Schmelze, die vor allem mit Blei und Zink verunreinigt ist und nur noch metallurgisch verändert werden kann (ALKER 1992). Energetisch wirksam sind weiterhin der im Vergleich zum Drehtrommelofen ca. 30% höhere Energieaufwand, um die Schmelze zu erzeugen, und der zwei- bis dreifache Abbrand (GÖNER 1971).

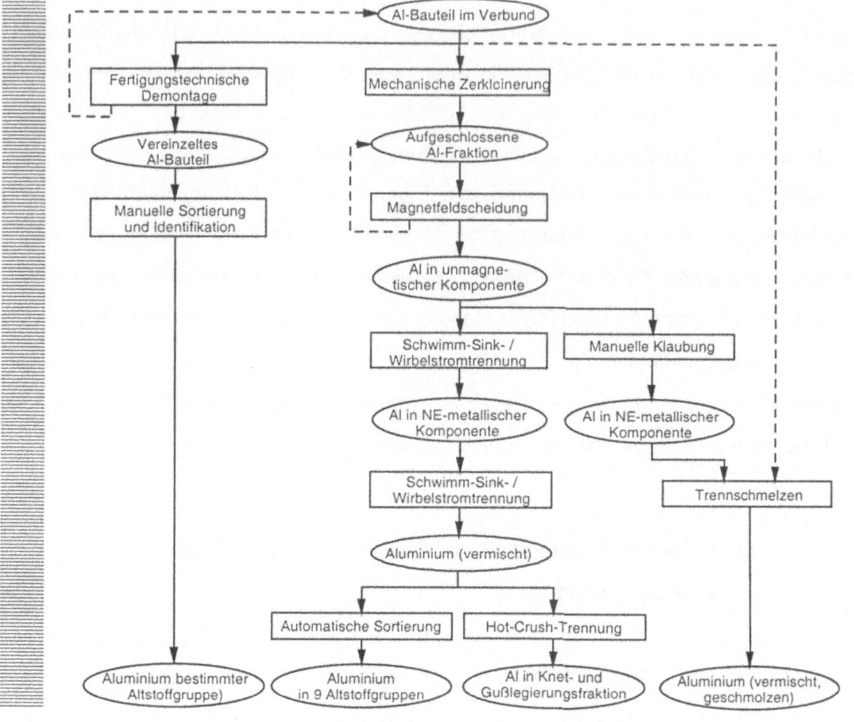

Bild 31: Prozessvarianten der Vorbehandlung zur Aluminiumverwertung

Bei der Vorbehandlung durch mechanische Aufbereitung befindet sich nach Zerkleinerung und Magnetfeldtrennung Aluminium in der nichtmagnetischen Komponente. Die Al-Verluste werden mit ca. 15% in die Shredderleichtfraktion und 0,8% in die magnetische Fraktion beziffert. In einer nachfolgenden zweistufigen Schwimm-Sink-Trennung wird mittels FeSi-Trüben zu 2,5 g/cm³ und 2,9 g/cm³ eine Aluminium-Mischfraktion mit einer Ausbringung von 92 bis 98% separiert (BASTEN 1986, RINK 1994). Fremdmetallische Einträge ergeben sich, neben Zink und Silizium, aufgrund von

- *Kupfer* bis zu ca. 2% durch Kabel, deren mittlere Dichte sich im Aluminiumbereich befindet;
- *Eisen* bis zu 0,5% durch eingefügte Stahlbauteile und eventuell anhaftende Reste an FeSi (ALKER 1992).

Darüber hinaus bestimmen die aufbereiteten Altprodukte die Zusammensetzung der Al-Mischfraktion, deren durchschnittliche Gehalte an 30% Knetlegierungen und 63% Gußlegierungen auf den hohen Anteil der Altautos am Shredderschrott zurückzuführen sind (RINK 1994). Die Qualität dieser Mischfraktion genügt der Herstellung von AlSiCu-Gußlegierungen, die im Automobil über 50% der verwendeten Aluminiumlegierungen einnehmen (RINK 1994).

Die aufbereitungstechnische Separation von Knet- und Gußlegierungen oder sogar einzelnen Legierungsgruppen gelingt mit heute im industriellen Massstab verbreiteten Verfahren nicht. Vor dem Hintergrund der Ausbildung von Knetlegierungskreisläufen könnten die Hot-Crush-Technik sowie die automatische Sortierung neben der manuellen Separation nach einer Demontage Bedeutung erlangen.

Die Hot-Crush-Technik nutzt die unterschiedlichen mechanischen Eigenschaften von Guß- und Knetlegierungen im Bereich der Solidustemperaturen aus (BROWN 1985). Aluminiummischschrott wird auf 520 bis 580°C erwärmt und einer Hammermühle zugeführt. Während das Knetmaterial verformt wird, wird der Guß zerkleinert und kann abgesiebt werden. Mehrfache Durchgänge, bei denen die Temperatur jeweils gesteigert wird, erlauben die Abtrennung von Legierungen mit hohen Kupfergehalten und halten den Feinkornanteil niedrig. Die Reinheit der Knetlegierungsfraktion befindet sich nach 5 Durchgängen bei 98%, der Feinkornanteil der Gußfraktion wird mit 23% beziffert.

Bei der automatischen Sortierung werden vereinzelt zugeführte Schrottstücke durch Wechselwirkungen mit Strahlen analysiert und automatisch sortiert. Erprobtes Verfahren ist die Atom-Emmissions-Spektroskopie, die Art und Menge der Legierungselemente analysiert und derzeit zwischen neun Legierungsgruppen unterscheidet (SATTLER 1991). Ein Laser verdampft dazu eine kleine Menge Material und das Plasma wird analysiert. Notwendig dazu ist eine Größenklassierung und Vereinzelung der Schrottstücke in einem bestimmten Mindestabstand. Die sortierten Fraktionen haben eine Reinheit von 80 bis 100% (RINK 1994).

Der energetische Aufwand der fertigungstechnischen Vorbehandlung durch Demontage hängt nach Gleichung 4 vom Anteil der Aluminiumbauteile im Produkt ab. Befindet er sich in Anlehnung an den massebezogenen Anteil im Automobil bei 5%, so würde der KEA der Demontage aller Aluminiumbauteile 2,5 GJ/t demontierte Bauteile betragen (RINK 1994). Zusammen mit der Verwertung ergäben sich 10,2 GJ/t Sekundäraluminium.

Der kumulierte Energieaufwand der mechanischen Aufbereitung hängt im wesentlichen von der Verrechnung der Al-Verlusten ab. Der verfahrenstechnische Aufwand bleibt unter 1 GJ/t und steigt auf ca. 1,1 GJ/t Al-Mischfraktion bei Verwendung von Hydrozyklonen mit anschließender Trocknung für die Schwimm-Sink-Scheidung (OEKO-INSTITUT 1985). Ein Ausgleich der Verluste mit Primäraluminium lässt den kumulierten Energieaufwand auf 32,4 GJ/t Al-Mischfraktion steigen. Zusammen mit der Verwertung ergibt sich dann ein Wert von 40,1 GJ/t, demgegenüber das Trennschmelzen ohne mechanische Aufbereitung bei doppeltem Abbrand energetisch gleichwertig erscheint.

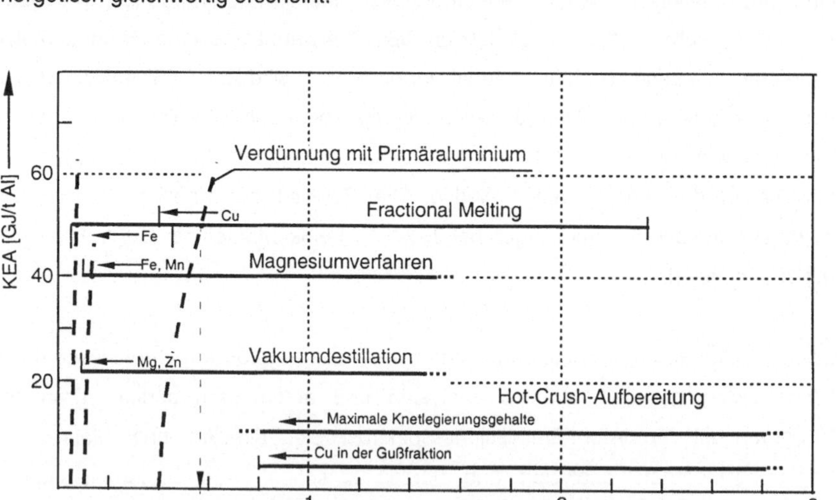

Bild 32: Leistungsfähigkeit und kumulierter Energieaufwand verschiedener Verfahren zur Reduzierung metallischer Verunreinigungen im Aluminium

Die Trennerfolge der Separierung mittels Hot-Crush-Technik oder Atom-Emissions-Spektroskopie lassen den energetischen Vergleich mit den Raffinationsverfahren zu (Bild 32). Während die Atom-Emissions-Spektroskopie im Aufwand unter 1 GJ/t bleibt (und daher in Bild 32 keine Erwähnung findet), befindet sich der kumulierte Energieaufwand zur Abtrennung der Knetlegierungsfraktion mittels Hot-Crush-Technik bereits bei knapp über 10 GJ/t bei vergleichsweise geringerem Trennerfolg. Die metallurgischen Raffinationsverfahren sind energieaufwendiger als diese Sortierverfahren, ermöglichen jedoch die Einstellung definierter Soll-Gehalte.

Alle Verfahren zur Abtrennnung metallischer Begleitelemente aus Aluminium erweisen sich bei abnehmenden Soll-Gehalten der Begleitelemente gegenüber der Zugabe von Primäraluminium bereits ab kleinen Fehlgehalten als energetisch vorteilhaft. Um beispielsweise einen Gehalt von 0,4% Kupfer zu erreichen, lohnt sich energetisch das Fractional Melting ab einem Fehlgehalt von 0,16% (Bild 32).

5.2.2.3 Schlussfolgerungen für den Aluminiumeinsatz in maschinenbaulichen Produkten

Ein energieoptimal recyclingorientierter Einsatz von Aluminium im maschinenbaulichen Produkt liegt prinzipiell vor, wenn der Anteil der aus einer Altstoffgruppe erzielten Legierung im Produkt maximiert wurde. Je mehr Gruppen durch die verwendete Recyclingtechnologie gebildet werden können, desto höher ist die erzielbare Recyclingquote durch ein breiteres Anwendungsspektrum der Gesamtheit an Recyclinglegierungen. Konkrete Schlussfolgerungen hängen jedoch von dem sich für die Zukunft entwickelnden Kreislaufsystem für Aluminium ab (Bild 33).

Für den Fall, dass sich die heutige Situation der Verwertung von Altaluminium in Zukunft fortsetzt, muss für eine Steigerung der Recyclingquote der Anteil schwer legierter Aluminiumwerkstoffe im maschinenbaulichen Produkten weiter ansteigen. Verwendete Knetlegierungen haben weiterhin den Zweck, die Akkumulation metallischer Begleitelemente im Kreislauf auszugleichen. Aus aufbereitungstechnischer Sicht bestimmt der Anteil flächig verbundener Stahlbauteile die hinzuzusetzende Menge an Primäraluminium, da Eisen generell - bei einer tolerierten Menge bis zu 2% - ein störendes Element ist. Durch die höhere Aufnahmefähigkeit für Kupfer wurde bereits vorgeschlagen, Verbindungselemente aus Messing statt Stahl zu verwenden (MEYER 1983).

Wird zukünftig zwischen Legierungsgruppen mittels Aufbereitung verstärkt getrennt, dann wird ein energieoptimales Aluminiumrecycling durch eine so signifikant wie mögliche Ausprägung wirksamer Trennmerkmale zwischen den Gruppen bei weitestgehender Standardisierung innerhalb dieser Gruppen während der Produktgestaltung unterstützt. Punktuell wirkende Verbindungen mit Fremdmetallen vermeiden deren Akkumulation über mehrere Kreisläufe (RINK 1994).

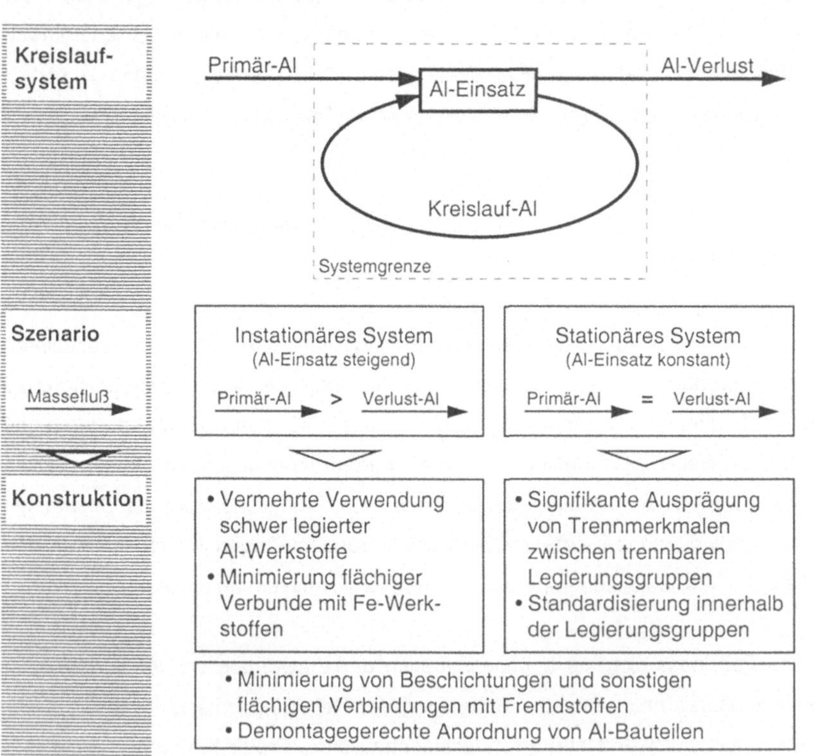

Bild 33: Schlussfolgerungen für den Aluminiumeinsatz in maschinenbaulichen Produkten in Abhängigkeit vom Szenario des Aluminium-Kreislaufsystems

Eine verstärkte Demontage von Aluminiumbauteilen zur Ausbildung von Kreisläufen bestimmter Legierungen kann vor allem durch eine demontagegerechte Produktgestaltung unterstützt werden. Im Hinblick auf die Aufbereitung gilt das auch für Teile, deren Demontage die Optimierung der aufbereitungstechnisch erzielten Legierungskreisläufe fördert.

5.2.3 Recycling thermoplastischer Kunststoffe

5.2.3.1 Kumulierter Energieaufwand von Verwertungsoptionen für thermoplastische Kunststoffe

Mit der werkstofflichen, rohstofflichen und thermischen Verwertung sind bei Kunststoffbauteilen mehrere Verwertungsoptionen möglich, durch die Kunststoffe, petrochemische Grundstoffe oder Energieträger bereitgestellt werden. Dabei muss die notwendige Vergleichbarkeit über die Herstellung eines identischen Folgeprodukts durch alle Optionen sichergestellt sein. Das Folgeprodukt ist hier der formlose Kunststoff, weil die Wiederverwendung als praktisch selten angewendete Option von der Betrachtung ausgeschlossen wird und somit die Bauteilherstellung für alle Verwertungsoptionen identisch ist. Aufgrund existierender Ökobilanzen zur Verwertung von Verpackungskunststoffen aus Abfällen wird sich im weiteren auf technische Thermoplaste sowie ausgewählte Verwertungsprozesse konzentriert (DSD 1995).

Bei der werkstofflichen Verwertung bleibt der thermoplastische Kunststoff weitgehend erhalten (Bild 34). Ohne Einbeziehung einer eventuellen Demontage schließt sich nach einer Aufbereitung durch Zerkleinerung, Metallabscheidung, Fremdstoffabscheidung im Hydrozyklon und anschließender Trocknung die Regranulierung gegebenenfalls nach Verschnitt mit Neuware zu verarbeitungsfähigem Kunststoff an. Eine mögliche Aufcompoundierung mit Additiven wird hier nicht in den Vergleich einbezogen.

Für die rohstoffliche und thermische Verwertung werden die Hydrierung und Müllverbrennung nach einer Aufbereitung betrachtet. Bei der Hydrierung nach dem Verfahren der Kohleöl-Anlage Bottrop werden langkettige Moleküle durch Reaktion mit Wasserstoff in gesättigte kurzkettige Kohlenwasserstoffe umgewandelt. Es entstehen ein rohölähnliches Produkt (Syncrude), Hydrierbitumen und Entspannungsgas (EBERT 1993). Diese Produkte substituieren die Bereitstellung äquivalenter fossiler Roh- und Brennstoffe. Die thermische Verwertung im Müllheizkraftwerk zu Dampf substituiert die Dampferzeugung aus fossilen Brennstoffen, im vorliegenden Fall Heizöl. Beide Verwertungsoptionen machen die Neuherstellung von Kunststoff notwendig.

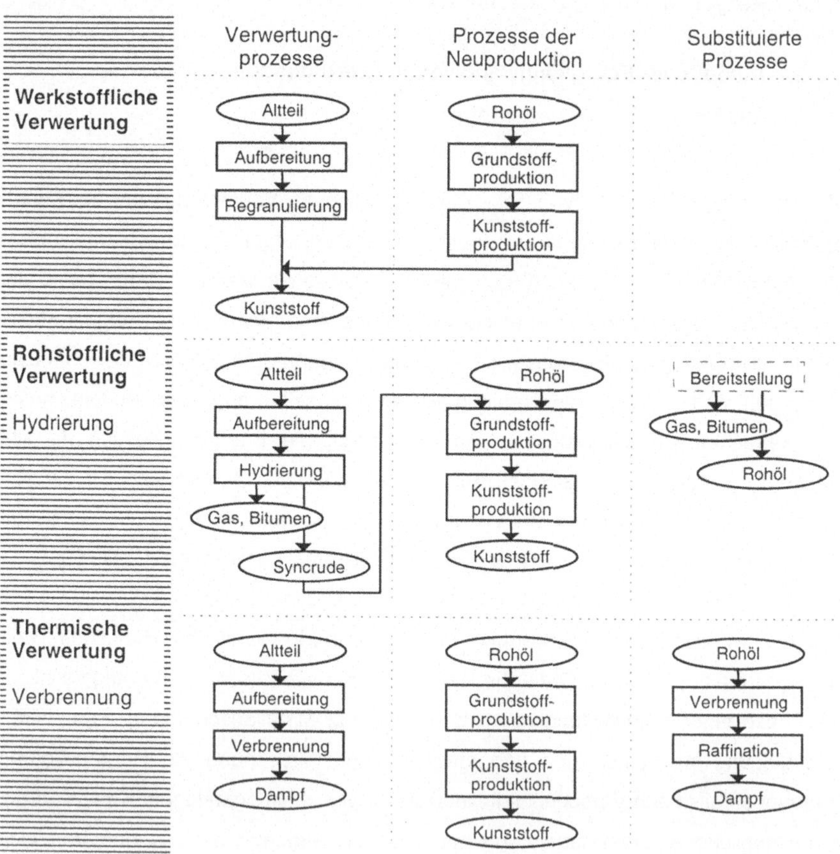

Bild 34: Bilanzgrenzen des primärenergetischen Vergleichs von Verwertungsoptionen für thermoplastische Kunststoffe

Für den primärenergetischen Vergleich der Verwertungsoptionen wurden folgende Randbedingungen und Annahmen getroffen:

- Bei der Aufbereitung ergeben sich keine Verluste im Massenstrom.
- Der Energieaufwand zur Aufbereitung und Regranulierung ist von der Kunststoffsorte unabhängig.
- Bei der Hydrierung wird der Altkunststoff im Hauptstrom eingesetzt. Die Menge entstehender Hydrierprodukte ist vom unteren Heizwert des Altkunststoffs abhängig. Der Wasserstoffbedarf wird als konstant angesetzt.
- Der energetische Wirkungsgrad moderner Müllverbrennungsanlagen der Verbrennung wird mit 50-70% beziffert (EBERT 1993). Es wird mit einem konstanten Wirkungsgrad der Dampfproduktion von 70% gerechnet.

Der energetische Aufwand zur Aufbereitung wird im wesentlichen durch die Zerkleinerung (siehe Kap. 4.2) und bei der werkstofflichen Verwertung durch die nasse Sortierung bestimmt, die ca. 170 kWh/t Kunststoff an Strom benötigt (OEKO-INSTITUT 1985, HOLLEY 1993). Der Stromverbrauch der Regranulierung wird mit 735 kWh/t veranschlagt, wobei der Wert für Polyamide höher anzusetzen ist (OEKO-INSTITUT 1993). Der energetische Wirkungsgrad des Hydrierverfahrens beträgt 87,2% beim Heizwert von Polypropylen. Die Daten für das Hydrierverfahren und der Verbrennung wurden der aktuellen Literatur entnommen (DSD 1995).

Der kumulierte Energieaufwand zur werkstofflichen Verwertung ist erwartungsgemäß von der Recyclingquote im Folgeprodukt abhängig und entspricht bei einer Quote von 0% entsprechend einer Deponierung dem der Neuherstellung der Kunststoffe (KINDLER 1980, HABERSATTER 1991; Bild 35). Je größer das Verhältnis zwischen Heizwert und herstellungsbedingtem Energieaufwand ist, desto vorteilhafter ist die werkstoffliche Verwertung gegenüber der Hydrierung und Verbrennung.

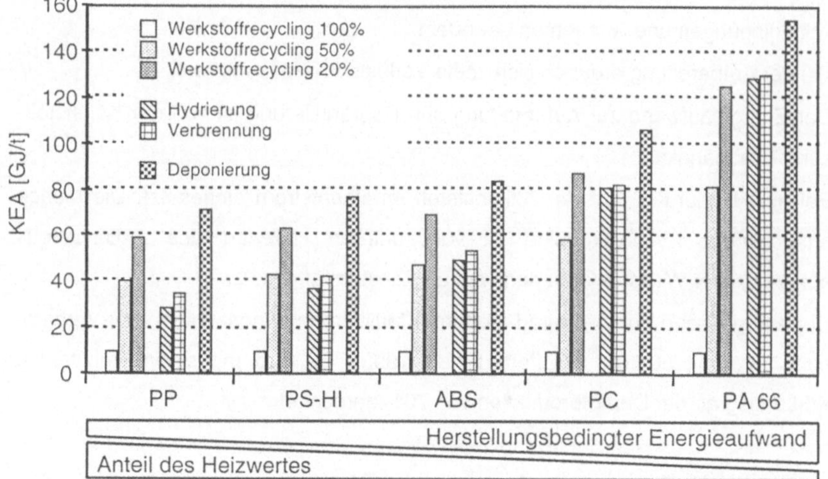

Bild 35: Der kumulierte Energieaufwand unterschiedlicher Verwertungsoptionen für ausgewählte technische Kunststoffe

Bei praxisüblichen Recyclingquoten von 20-25% für Kunststoffrezyklate erscheint die werkstoffliche Verwertung für die in technischen Anwendungen am meisten eingesetzten Kunststoffe Polypropylen (PP) und Acryl-Butadien-Styrol (ABS) primärenergetisch unvorteilhaft gegenüber der Hydrierung oder Verbrennung. Soll die werkstoffliche Verwertung im technischen Bereich weiterhin als ökologisch vorteilhaft gelten, muss durch Optimierung der Produkte und Verwertungsprozesse die Recyclingquote massgeblich erhöht werden.

5.2.3.2 Schlussfolgerungen für den Einsatz thermoplastischer Kunststoffe in maschinenbaulichen Produkten

Der Energieaufwand der Kunststoffverwertung kann durch den Kunststoffeinsatz bei der Produktgestaltung potentiell beeinflusst werden, indem die Bandbreite möglicher Verwertungsoptionen vorbestimmt wird. Darüber hinaus gilt vor allem für die werkstoffliche Verwertung, ähnlich wie bei Stahl- und Aluminiumwerkstoffen, dass die mit üblichem Behandlungsaufwand erreichbare Altstoffqualität ebenfalls gestalterischen Voraussetzungen unterliegt.

Ausgehend vom Kunststoffbauteil in einer Baugruppe oder dem gesamten Produkt sind es, neben technischen Kriterien an den Kunststoff und in Kombination mit den vor allem unlösbar verbundenen Werkstoffen, stoffbezogene umweltpolitische Anforderungen, die eine rohstoffliche oder thermische Verwertung des Kunststoffs notwendig machen können. Diese Kriterien lassen sich, formuliert als Prüffragen zum Kunststoffbauteil, zu einer Kaskade zusammenführen, bei deren Abarbeitung mögliche Verwertungsoptionen zugeordnet werden können (Bild 36).

Unter umweltrelevanten Kriterien lassen sich die Fragen nach dem Einsatz PVC/PTFE-modifizierter Polymere, solchen mit gefährlichen Inhaltsstoffen und einer Kennzeichnung zusammenfassen (ISO 11469). Halogenierte Anteile im Polymer können bei hohen Verarbeitungstemperaturen saure Gase bilden, die bezüglich schädigender Wirkungen kritisch beurteilt werden müssen (KUHMANN 1994). Entsprechende Kunststoffe entziehen sich der werkstofflichen Verwertung, ab bestimmten Chloranteilen jedoch auch der rohstofflichen Verwertung (JANDEL 1993). Kunststoffe mit gefährlichen Inhaltsstoffen dürfen nicht (wieder) eingesetzt werden; darüber hinaus besteht die Selbstbeschränkung der chemischen Industrie, keine Flammhemmer auf PBD/PBDE-Basis aufgrund der Gefahr der Dioxin- und Furanbildung einzusetzen (§§ 3a(1), 19(2) CHEMG 1993, BALL 1992). Nicht gekennzeichnete Kunststoffbauteile unterliegen grundsätzlich dem Risiko, dass gefährliche Inhaltstoffe vorhanden sein können (MARTIN 1993).

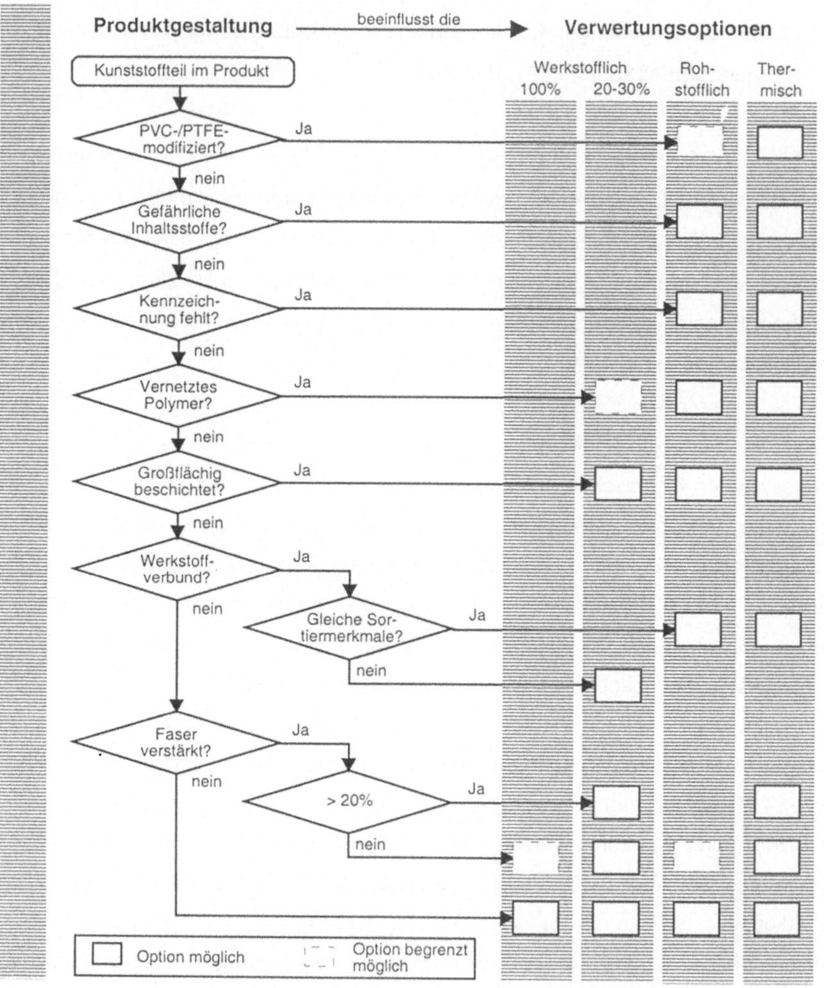

Bild 36: Kaskade umweltrechtlicher und technischer Kriterien der Produktgestaltung für Optionen der Kunststoffverwertung

Unter den technischen Gestaltungskriterien stellt sich bei Kunststoffen zunächst die Frage nach der Wiederverarbeitbarkeit durch Aufschmelzen, die prinzipiell nur bei thermoplastischen Kunststoffen gegeben ist. Werden Duromere oder Elastomere werkstofflich verwertet, dann zumeist als füllstoffähnliches Material, dessen Oberfläche an das Primärmaterial gekoppelt ist. Das geschieht zu einer relativ geringen Recyclingquote oder für eine andere, niederwertigere Anwendung.

Sind Thermoplaste großflächig lackiert oder metallbeschichtet, dann ergeben sich selbst bei Entschichtung erhebliche Eigenschaftseinbussen, deren Ausgleich durch Neuware erfolgt (KELLER 1993). Liegt darüber hinaus das Kunststoffbauteil im Werkstoffverbund vor, ist eine Aufbereitung unumgänglich. Die Verwertung von Mischkunststoffen bei Verträglichkeit der Komponenten führt nicht zum originären Kunststoffbauteil und hat, trotz vielen versuchstechnischen Vorarbeiten, praktisch noch keine Bedeutung erlangt (VDI 2243, POURSHIRAZI 1987, GEP 1992). Ragt das betrachtete Kunststoffbauteil mit bestimmten Sortiermerkmalen aus der Werkstoffkombination heraus, so kann eine entsprechende Werkstoffraktion separiert werden. Sortierverluste oder Verunreinigungen lassen allerdings kaum eine werkstoffliche Recyclingquote von 100% zu (FLEISCHER 1993, BLAAS 1993, TEIGELKAMP 1994).

Faserverstärkte Kunststoffe unterliegen während der Aufbereitung zum werkstofflichen Recycling Eigenschaftsverlusten bei größerem Faseranteil durch Kürzung der Fasern, die ebenfalls durch Neuware ausgeglichen werden müssen. Hohe Faseranteile behindern als inerter Anteil auch die rohstoffliche Verwertung speziell im Fall der Hydrierung aus anlagentechnischen Gründen (JANDEL 1993).

Hinsichtlich der Einflussnahme der Gestaltung auf die Verwertung lässt sich zusammenfassen, dass ein werkstofflich mit hoher Quote verwertbares Kunststoffbauteil dann vorliegt, wenn es

- frei von gefährlichen Inhaltsstoffen und halogenierten Polymerbestandteilen,
- normgerecht gekennzeichnet,
- wiederverarbeitbar durch Aufschmelzen,
- unbeschichtet,
- demontierbar verbunden, und
- wenig faserverstärkt ist.

Wird eine der genannten Anforderung nicht erfüllt, stellt mit Blick auf das Ergebnis der energetischen Bewertung der Verwertungsoptionen (Bild 35) die werkstoffliche Verwertung aufgrund des hohen Neuwarezuschusses nur noch dann einen energetischen Vorteil gegenüber der rohstofflichen oder thermischen Verwertung dar, wenn der Energieaufwand der Kunststoffproduktion im Vergleich zum Heizwert sehr groß ist. Beispiele für solche Kunststoffe sind Polycarbonat und Polyamide.

Im Umkehrschluss dieser Aussagen gilt für den Kunststoffeinsatz in maschinenbaulichen Produkten unter energetischen Gesichtspunkten, dass vor allem materialintensive Bauteile allen Anforderungen für eine werkstoffliche Wiederverwertung bei minimalem Neuwarezuschuß gerecht werden sollten. Bei kleinen Kunststoffbauteilen, deren Demontage allein unter wirtschaftlichen Gesichtspunkten nicht gerechtfertigt ist, sollten nach Möglichkeit die Gestaltungsanforderungen für die rohstoffliche Verwertung Beachtung finden.

6 Energetische Bewertung von Gestaltvarianten eines technischen Produktes und Diskussion der recyclingbezogenen Einflussfaktoren

6.1 Beschreibung des untersuchten Produktes und Festlegung der energetischen Parameter

6.1.1 Entwicklung der funktionsbezogenen Rahmenfestlegungen

Die Vorgehensweise der energetischen Bewertung und die recyclingbezogenen Einflussparameter auf den Energieaufwand sollen am Beispiel zweier Gestaltsvarianten eines technischen Produktes demonstriert und diskutiert werden. Zunächst erfolgen die notwendigen Rahmenfestlegungen zum verwendeten Produktbeispiel.

Der energetische Vergleich der hier betrachteten zwei Gestaltvarianten eines Einhebelmischers erfolgte im Rahmen ihres ausführlichen ökologischen Vergleichs nach prEN ISO 14 040 (IPA 1997). Die Ergebnisse wurden mit dem Ziel einer sachlich fundierten Kommunikation der produktbezogenen Umweltauswirkungen gegenüber Kunden des Unternehmens und der interessierten Öffentlichkeit erarbeitet.

Für den ökologischen, so auch energetischen Vergleich ist die Funktion des Produktes zu beschreiben und sicherzustellen, dass eine funktionelle Äquivalenz der Gestaltvarianten vorliegt. Dazu gehört auch die normative Festlegung einer bestimmten Lebensdauer. Die funktionsbezogenen Rahmenfestlegungen ergeben sich im Zusammenhang mit den einzubeziehenden Baugruppen. Alle Baugruppen, die zur Sicherung der beschriebenen Funktion beitragen, sind in den Vergleich einzubeziehen. Technische Produkte enthalten oftmals standardgemäß Bauelemente, die Nebenfunktionen erfüllen. Am Einhebelmischer ist die Zugstange dafür beispielhaft. Hier ist zu diskutieren, ob die Nebenfunktion „Auslassstopfen heben" Bestandteil des Funktionsumfangs sein soll. Beim Variantenvergleich können weiterhin alle identischen Baugruppen ausgeschlossen werden, da sie auf das Ergebnis keinen Einfluss haben. Bei den betrachteten Einhebelmischervarianten sind die innenliegenden Mischsysteme identisch und können somit für den Vergleich entfallen. Die verbleibenden und sich unterscheidenden Baugruppen lassen sich hauptsächlich den jeweiligen Gehäusen zuordnen. Während das eine in herkömmlicher Weise aus Messingguß besteht, ist das andere in Karosseriebauweise aus Edelstahlblech gefertigt (Bild 37).

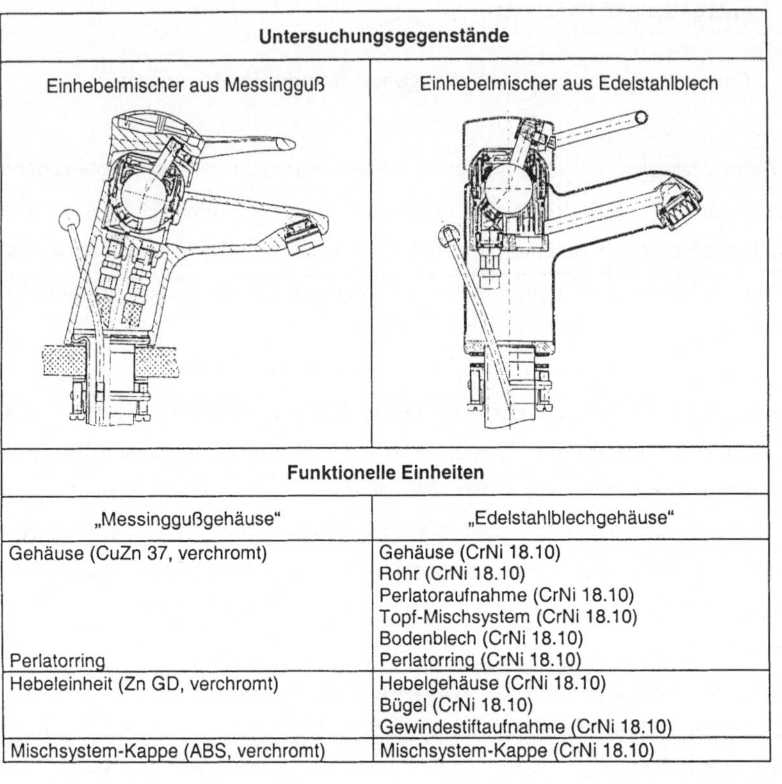

Untersuchungsgegenstände	
Einhebelmischer aus Messingguß	Einhebelmischer aus Edelstahlblech
Funktionelle Einheiten	
„Messinggußgehäuse“	„Edelstahlblechgehäuse“
Gehäuse (CuZn 37, verchromt) Perlatorring	Gehäuse (CrNi 18.10) Rohr (CrNi 18.10) Perlatoraufnahme (CrNi 18.10) Topf-Mischsystem (CrNi 18.10) Bodenblech (CrNi 18.10) Perlatorring (CrNi 18.10)
Hebeleinheit (Zn GD, verchromt)	Hebelgehäuse (CrNi 18.10) Bügel (CrNi 18.10) Gewindestiftaufnahme (CrNi 18.10)
Mischsystem-Kappe (ABS, verchromt)	Mischsystem-Kappe (CrNi 18.10)

Bild 37: Aufbau und einbezogene Baugruppen der Einhebelmischervarianten

Im Ergebnis der gestaltsbezogenen Rahmenfestlegungen lässt sich als funktionelle Einheit nunmehr „ein Einhebelmischergehäuse“ benennen und es wird eine engere Definition der Funktion erforderlich, die nun in der Aufnahme der identischen Mischsysteme sowie des Sockels zur Befestigung der Einhebelmischer an Waschtischen besteht. Die einbezogenen Bauteile wurden in Bild 37 zusammengefasst.

6.1.2 Strukturierung der Prozessketten

Die Prozessketten bilden in erster Linie den Hauptprodukt- und -stoffstrom über den Lebensweg ab, der die einzelnen Prozesse miteinander verkettet. In einer noch abstrakten Ebene lässt sich im wesentlichen zwischen Herstellung, Gebrauch und Entsorgung (einschließlich Recycling) unterscheiden. In dieser und jeder tieferen Ebene ist die Prozesskettenstruktur und die Systemgrenze zu entwickeln und zu definieren, bevor die Prozessmodule auf der Untersuchungsebene analysiert werden können.

In Verbindung mit der definierten Funktion lässt sich auf abstrakter Ebene feststellen, dass der Gebrauch der Einhebelmischergehäuse für den Vergleich irrelevant ist. Einfluss hingegen hat, wie schon erwähnt und festgelegt, die Lebensdauer der Gehäuse. Weiterhin wurden die Transportprozesse ab Halbzeug aus dem energetischen Vergleich ausgeklammert, weil über die Fertigungsstandorte des Edelstahlblechgehäuses zu diesem Zeitpunkt keine Informationen vorlagen. Im Rahmen des ausführlichen ökologischen Vergleichs zeigte sich später, dass die Transporte mit ca 2% zu den gesamten Umweltbeeinflussungen beitragen (IPA 1997).

Die fortschreitend tiefere Prozesskettenstrukturierung richtet sich nach sachlich und örtlich sinnvoll abgrenzbaren Prozessmodulen, um Untersuchungsabschnitte zu definieren. Damit im Zusammenhang steht die Diskussion der Datenqualität in Unterscheidung zwischen spezifischen und generalisierten Daten. Spezifische Daten sind zeitlich, geografisch, technologisch und sachlich eng begrenzt. Ihre Erfassung erfolgt an konkreten Anlagen oder durch Befragung der Firmen. Generalisierte Daten sind hinsichtlich ihres Gültigkeitsbereichs weiter gefasst und oftmals literaturgängig. Im vorliegenden Beispiel wurden für die Fertigung spezifische Daten ermittelt, weil spezielle Technologien zur Herstellung des Edelstahlblechgehäuses zum Einsatz kamen. Generalisierte Daten wurden auf Prozessketten der Werkstoffherstellung und, je nach Fertigungstiefe, auf die Halbzeugherstellung (beides entspricht der Vorfertigung) sowie das Recycling angewendet. Die Prozesskette kann dementsprechend strukturiert werden (Bild 38).

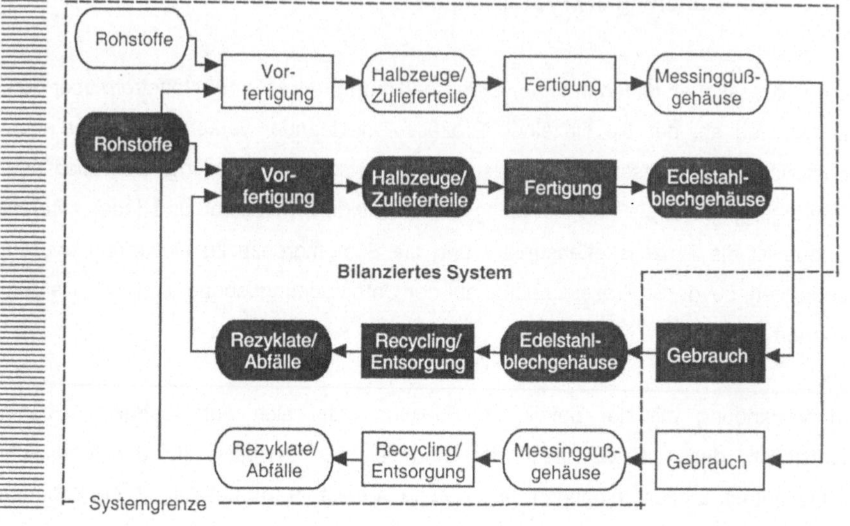

Bild 38: Prozessketten-Grobstruktur im untersuchten System für den energetischen Vergleich der zwei Einhebelmischergehäuse

Die Untersuchungsebene ist erreicht, wenn zu den Prozessmodulen Daten vorhanden sind oder verfügbar gemacht werden können. Werden spezifische Daten zum Beispiel durch Messungen erhoben, dann bilden die Module einzelne Anlagen ab, während generalisierte Daten zumeist für die Herstellung von Grund- und Werkstoffen verfügbar sind.

Die Prozessanalyse quantifiziert zunächst die Hauptprodukt- und Haupstoffströme zwischen den Prozessmodulen, wobei nur ein Strom zwischen zwei Prozessmodulen aus Systemgründen zulässig ist. Dieser Hauptstrom bestimmt das Niveau des energetischen Inputs des jeweiligen Prozessmoduls je nachdem, wieviel dieses Stroms vom nachfolgenden Prozess (bei Produktionsprozessen) „nachgefragt" wird.

Das Ergebnis dieser Quantifizierung wird am Beispiel der Vorfertigung des Einhebelmischergehäuses aus Edelstahlblech deutlich (Bild 39). Sie enthält Angaben zu den Werkstückgewichten und Span- bzw. Verschnittmengen, über die das Mengenniveau der verknüpften Prozesse abgeglichen wird.

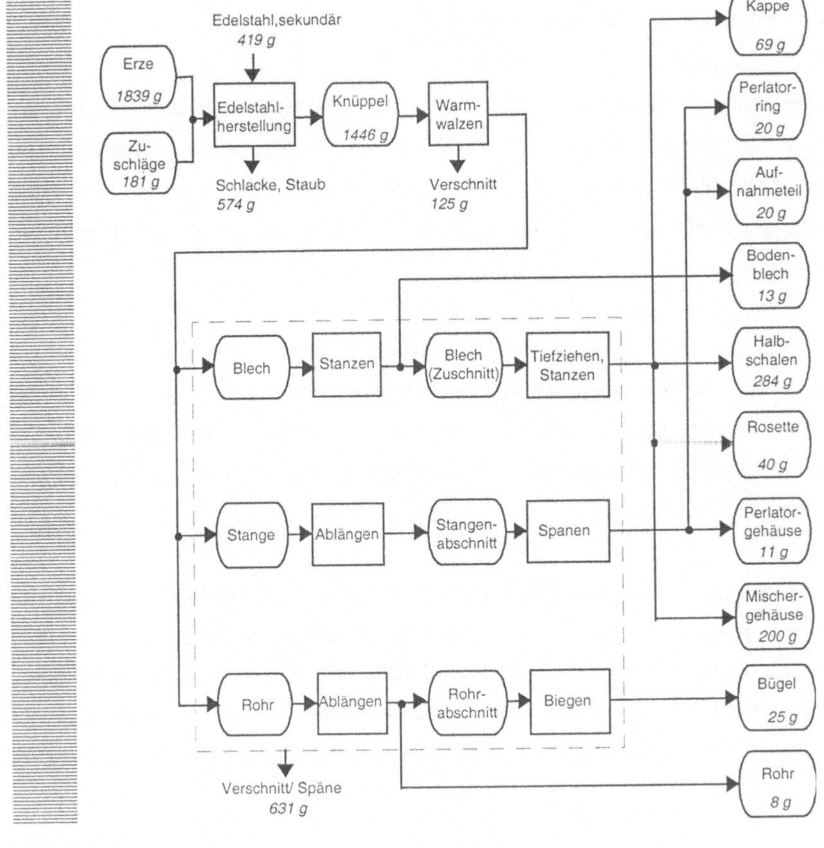

Bild 39: Prozesskettenanalyse des Edelstahlblechgehäuses bis zur Vorfertigung (IPA 1997)

Die Quantifizierung der Prozessketten gilt in adäquater Weise für die Prozessketten nach dem Gebrauch. Dabei muss zunächst geklärt werden, für welche Komponenten welches kreislaufwirtschaftliche Szenario zutrifft. Die Quantifizierung der Prozessketten kann dabei massgeblich zwei Ansätzen folgen: dem Ratenansatz, bei dem die Recyclingfähigkeit zugrundegelegt wird, oder dem Quotenansatz, der die real vorhandenen Recyclingquoten unabhängig vom betrachteten Produkt berücksichtigt. Dieser Ansatz wurde am Beispiel der Einhebelmischer zugrunde gelegt. Eine nähere Diskussion dieser Ansätze vor dem Hintergrund der Sensitivität des Ergebnisses auf diese Festlegungen wird im Kapitel 6.3 diskutiert.

6.1.3 Festlegungen zum Energiemodell

Die energetische Bewertung richtet sich sinnvollerweise nach dem Prinzip des Kumulierten Energieaufwands (VDI 4600). Im Kapitel 2.3 wurde bereits erläutert, dass dazu Festlegungen zu den Bereitstellungsnutzungsgraden und den Zurechnungsverfahren bei Verzweigung und Kreislaufführung von Stoffen getroffen werden müssen.

Die Module in den Hauptprozessketten erhalten Energie in Form von Endenergieträgern. Für die Prozessketten der Einhebelmischergehäuse wurden Elektrizität (Strom), Erdgas, Diesel, Heizöl, Steinkohle und Propan direkt eingesetzt. Die verwendeten Nutzungsgrade *g* sind durchgängig der allgemein verfügbaren Literatur entnommen (Tabelle 6).

Netzstrom des westeuropäischen Stromverbundsystems („Westeuropa“) wird bei der Herstellung von Grundstoffen als eingesetzt betrachtet, während die im Inland vorgenommenen Prozesse mit Netzstrom BRD betrieben werden. Letzterer ist durch den niedrigeren Bereitstellungsnutzungsgrad gekennzeichnet aufgrund des erhöhten Anteils fossiler Brennstoffe in der Primärenergieträgerstruktur der Bundesrepublik Deutschland im Vergleich zu anderen europäischen Staaten.

Energieträger	η_{ET}	**Quelle**
Netzstrom BRD	0,33	(HOFFMANN 1995a)
Netzstrom „Westeuropa“	0,378	(HABERSATTER 1991)
Steinkohle	0,92	(HABERSATTER 1991)
Heizöl, schwer	0,913	(HABERSATTER 1991)
Diesel	0,916	(HABERSATTER 1991)
Erdgas	0,943	(HABERSATTER 1991)

Tabelle 6: Im Fallbeispiel verwendete Nutzungsgrade für die Bereitstellung von Energieträgern

Zurechnungsverfahren für Outputs bedürfen der Klärung bei Kuppelprodukten und Stoffstromverzweigungen, die bei mehreren Outputs pro Prozess entstehen. Entsprechend den zwei Zurechnungsmodi können entweder alle Energieaufwendungen dem Zielprodukt (Bezugsgröße) zugeordnet werden oder es erfolgt ihre Aufteilung auf die Outputs nach physikalischen oder monetären Größen. Die erste Regel fand im vorliegenden Beispiel des energetischen Vergleichs der Einhebelmischer Anwendung. Gründe dafür sind, dass

- keine erwünschten Kuppelprodukte in den Prozessketten anfallen;
- die werthaltigen Rückstände, wie zum Beispiel Späne, indirekt durch Recyclingquoten bei der Werkstoffherstellung berücksichtigt werden.

Damit in Zusammenhang steht auch die Festlegung der Allokation von energetischen Aufwendungen bei Anfall und Einsatz von Kreislaufmaterial. Entsprechend der Modellentwicklung in Kapitel 3 werden unerwünschte, jedoch verwertbare Rückstände (hier: Späne und Verschnitt) vollständig abgeschrieben, d.h. alle Energieaufwendungen der spanenden Bearbeitung werden dem Werkstück (Zielprodukt!) zugeordnet. Der kumulierte Energieaufwand aller eingesetzten Rezyklate entspricht somit dem Aufwand ihrer Aufbereitung vom Anfall im Produktionsprozess oder nach dem Gebrauch bis zum erneuten Einsatz in der Produktion.

6.2 Auswertung des energetischen Vergleichs der beiden Einhebelmischergehäuse

Die energetische Bilanzierung erfolgt, wie in Kapitel 2 erläutert, durch Kumulation aller primärenergetischen Aufwendungen entlang der Prozessketten zu einem Wert, dem kumulierten Energieaufwand. Die Auswertung dieser Ergebnisse ist dabei abhängig vom Zweck der Bilanzierung. Wird der kumulierte Energieaufwand auf die Primärenergieträger heruntergebrochen, kann deren Umweltbeeinflussungen im Sinne der Ökobilanzierung bewertet und ein Reduktionspotential durch Substitution der Primärenergieträger abgeleitet werden. Ein Herunterbrechen auf die Lebenswegabschnitte und Prozesse macht hingegen die Energieaufwandstreiber deutlich und setzt somit Schwerpunkte für weitergehende Untersuchungen oder Optimierungen innerhalb der Prozessketten.

Die Ermittlung des kumulierten Energieaufwands beider Einhebelmischer ist die Basis für weiterführende Untersuchungen. Hierfür wurden die Lebenswegabschnitte, wenn notwendig bis hin zu einzelnen Prozessen, verdeutlicht (Bild 40). Der Gesamtvergleich zeigt für das Gehäuse aus Edelstahlblech mit 108 MJ eine energetische Einsparung um 36% gegenüber dem Gehäuse aus Messingguß mit 159 MJ auf. Disaggregiert man diese Gesamtwerte zunächst auf die zwischen den Balken dargestellten Lebenswegabschnitte, so zeigt sich, dass diese Einsparung während der Abschnitte Vorfertigung und Fertigung zustande kommt. Bis zur Werkstoffherstellung ist der kumulierte Energieaufwand des Messinggußgehäuses geringer. Es lässt sich außerdem feststellen, dass die Werkstoffherstellung beim Edelstahlblechgehäuse überproportional ins Gewicht fällt.

Weitere Disaggregationen in den Abschnitten Vorfertigung und Fertigung des Messinggußgehäuses zeigen, dass Urformprozesse und die spanende Bearbeitung einen relativ hohen Energiebedarf aufweisen. Ihre Eliminierung durch die Karosseriebauweise des Edelstahlblechgehäuses macht sich deutlich bemerkbar.

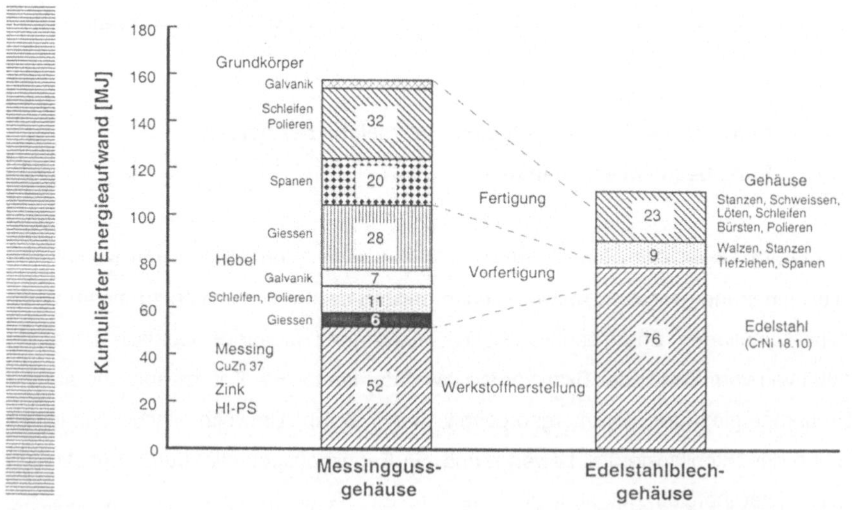

Bild 40: Vergleich zweier Einhebelmischergehäuse auf Basis des kumulierten Energieaufwands

Die Verschnittmengen in der Blechbearbeitung sowie die Energieintensität des Edelstahls tragen zum vergleichsweise höheren kumulierten Energieaufwand der Werkstoffherstellung beim Edelstahlblechgehäuse bei.

Die Aufteilung des kumulierten Energieaufwands auf Abschnitte und Prozesse verdeutlicht, dass Schwankungen in der Qualität der Daten zur Werkstoffherstellung bei beiden Einhebelmischergehäusen sowie der Daten zum Gießen und Spanen beim Messinggußgehäuse den gesamten Energieaufwand signifikant beeinflussen können. Entsprechend der Themenstellung der vorliegenden Arbeit wird im folgenden Kapitel die Werkstoffherstellung diskutiert, deren Energieaufwand entscheidend von den zugrundegelegten Recyclingparametern abhängt.

6.3 Diskussion der recyclingbezogenen Einflussfaktoren auf den kumulierten Energieaufwand

In dem vorliegenden Vergleich wurde, wie im Kapitel 6.1.2 erläutert, als kreislaufwirtschaftliches Szenario der Quotenansatz gewählt. Dieser geht von den realen und unabhängig vom Produkt vorliegenden Recyclingquoten der eingesetzten Werkstoffe aus. Dazu alternativ soll der Ratenansatz verfolgt werden, bei dem im Lebensweg anfallende Rückstände der Werkstoffherstellung zugeführt werden. Dabei kann, wie bereits in Kapitel 2 der vorliegenden Arbeit ausgeführt, beim Materialrecycling zwischen Produktionsabfallrecycling und Recycling nach dem Produktgebrauch unterschieden werden. Die verschiedenen Szenarien werden am Beispiel der beiden Hauptwerkstoffe Messing und Edelstahl diskutiert und ihr Einfluss auf den kumulierten Energieaufwand der Einhebelmischergehäuse dargestellt.

Das rücklaufende Messing (CuZn 37) wird im Regelfall direkt in den Halbzeugwerken umgeschmolzen. Das Umschmelzen erfolgt entsprechend der Zusammensetzung des Messingschrotts bei einer Ausbringung von 97%. Auszugleichen sind ca. 1% Zinkverlust und 2 % Kupferverlust. Im Ausnahmefall wird Messingschrott zur Gewinnung von Kupfer in einem Konverter verblasen. Unedlere Begleitelemente werden durch Oxidation und Verflüchtigung aus dem Kupfer entfernt. Beim Verblasen von Messing beträgt die Ausbringung ca. 85% Kupfer als Rohkupfer. Während der theoretische Schrottanteil im Messingbarren nach dem Umschmelzen 97 % beträgt, beträgt der reale Schrottanteil ca. 50 % (DKI 1996). Das heute produzierte Kupfer stammt zu ca. 40% aus Sekundärmaterial (BRUCH 1995). Bei dem Kupferanteil von 63% ergibt sich damit eine Recyclingquote von 75,2 beim Quotenansatz für Messing.

Edelstahl (CrNi 18.10) wird im wesentlichen als Abbruchschrott aus der Chemie- und Lebensmittelindustrie zurückgewonnen, d.h. manuell separiert. Seine Rückgewinnung aus gemischtem Stahlschrott ist, wie bereits im Kapitel 5.2.1.2 ausgeführt wurde, unwahrscheinlich aber möglich; seine Abtrennung erfolgt zuvorderst mit dem Ziel der Abtrennung ungewünschter Begleitstoffe aus dem unlegierten Stahl. Die Verwertung erfolgt im Elektro-Lichtbogen-Ofen im Aufbauschmelzverfahren. Nickel braucht dabei nicht nachlegiert zu werden, weil es edler als Eisen ist und in der Schmelze verbleibt. Chrom oxidiert erheblich, kann jedoch durch Schlackenarbeit bis auf ca. 1% Fehlanteile reduziert werden. Der ELB-Ofen wird mit 110% Einsatz beschickt, weil 10% durch Abbrand verloren gehen. Damit sind prinzipiell 10% Einsatzmaterial zusätzlich aufzuwenden, wobei hier energetisch nicht bewerteter Produktionsschrott angenommen wurde. Die erreichbare Recyclingquote beträgt somit 92%. Der Abbrand von Chrom zu 1% bedeutet bei einem Anteil von 18% im Edelstahl, dass ca. 0,2 Prozent nachlegiert werden müssen. Die erreichbare Recyclingquote von ca. 92% verändert sich dann nur marginal. Die reale Recyclingquote bei CrNi-Stahl beträgt allerdings ca. 40 Prozent. So wurden 1995 bei einer Gesamtproduktion von ca. 1,5 Mio Tonnen ca. 0,61 Mio Tonnen aus Schrott produziert. Der Schrotteinsatz wurde zu ca. 62% aus dem Inlandsaufkommen bestritten, der Rest importiert (BDS 1996).

Während beim Quotenansatz die Situation der Verwertung zu betrachten ist, sind beim Ratenansatz die Werkstoffrückläufe bei beiden Einhebelmischergehäusen zu ermitteln. Nimmt man nur ein Produktionsabfallrecycling an (Ratenansatz I), so ergeben sich für Messing eine Rate von 14% und für Edelstahl eine Rate von 52%. Nicht erfassbare Rückstände aus Prozessen wie z.B. Gußputzen, Schleifen und Polieren sind hiervon ausgeschlossen. Auch logistisch oder aufbereitungstechnisch bedingte Verluste wurden nicht eingerechnet. Weitet man den Ratenansatz unter gleichen Randbedingungen auf das Recycling nach dem Gebrauch der

Einhebelmischergehäuse aus (Ratenansatz II), so lassen sich Raten von 87% für Messing und 96% für Edelstahl erzielen.

Trägt man den kumulierten Energieaufwand der Herstellung beider Werkstoffe über die Rückführrate auf, so ergeben sich jeweils lineare Funktionen mit einer Gültigkeit bis zu den praktisch erzielbaren Rückführraten nach Ansatz II (Bild 41). Werden sie überstiegen, kämen logistische und aufbereitungstechnische Aufwendungen zur Geltung und liessen die Summe des Energieaufwands für das Recycling der jeweiligen Werkstoffe gegen unendlich streben. Der Energieaufwand, der sich entlang der Geraden für eine Rückführrate von 100% jeweils ablesen lässt, ist somit praktisch nicht erzielbar.

Aus den Diagrammen ist weiterhin ersichtlich, dass die Recyclingquoten auf die entsprechend notwendige Rückführrate umgerechnet wurden. Um einen Schrottanteil von 50% im Messing und 40% im Edelstahl nach Schmelze zu erzielen, müssen aufgrund der metallurgisch bedingten Verluste ca. 2% mehr Werkstoff rückgeführt und eingesetzt werden.

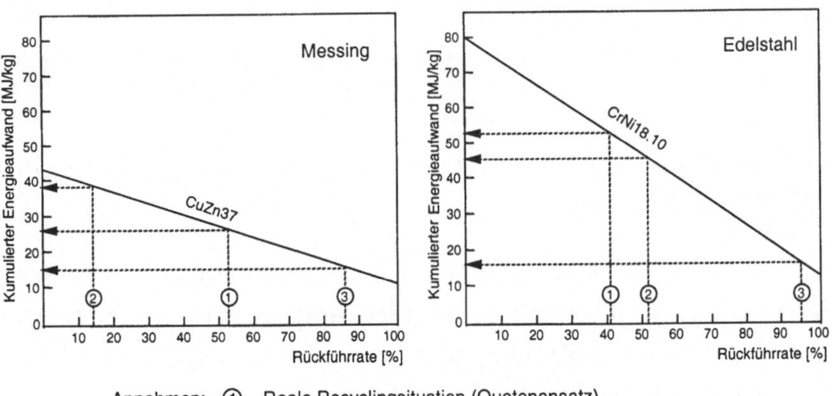

Bild 41: Kumulierter Energieaufwand von Messing CuZn37 und Edelstahl CrNi18.10 über die Recyclingrate bezogen auf die Einhebelmischer

Die Auswirkung der Variation der Rückführraten auf den gesamten kumulierten Energieaufwand der beiden Einhebelmischergehäuse zeigt, dass sich am energetischen Vorteil des Gehäuses aus Edelstahl aufgrund der Anteile nicht beeinflusster Prozesse (konstante Anteile) grundsätzlich nichts ändert (Bild 42). Das trifft selbst bei den hinzugefügten - praktisch nicht relevanten - Rückführraten von 0% und 100% zu. Die Ratenansätze gleichen den Energieaufwand der Bereitstellung von Messing und Edelstahl (variable Anteile) annähernd aus, was auf die höheren Rückführraten beim Edelstahlgehäuse sowie die Annäherung des kumulierten Energieaufwands beider Werkstoffe gegen eine Rückführrate von 100% zurückzuführen ist.

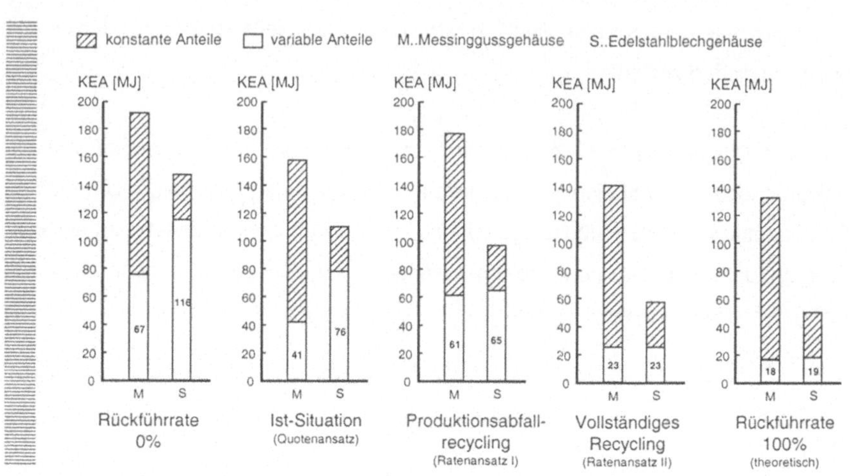

Bild 42: Sensitivitätsanalyse des kumulierten Energieaufwands durch Variation der Recyclingsituation

Die Auswirkungen auf die absoluten Wertebereiche sind vor allem beim Edelstahlgehäuse erheblich. So beträgt sein kumulierter Energieaufwand bei der Situation „Vollständiges Recycling“ die Hälfte des Aufwands bei der „Ist-Situation“ auf Basis der realen Recyclingquoten. Diese Auswirkungen ergeben sich durch die - im Vergleich zu Messing - starke Sensitivität des Energieaufwands der Herstellung von Edelstahl von der Recyclingquote.

Der Einfluss des Recycling auf den kumulierten Energieaufwand technischer Produkte hängt, wie am Beispiel der Einhebelmischergehäuse gezeigt werden konnte, vom Anteil recyclingsensitiver Prozesse, den betrachteten Werkstoffen und der zugrunde gelegten Recyclingsituation ab. Je stärker der Energieaufwand der Werkstoffe von dieser Situation abhängt, desto sorgfältiger ist sie festzulegen und der Einfluss seiner Variation zu überprüfen. Die abgeleiteten oder modellierten Zahlenverhältnisse sollten hierbei, wie in diesem Kapitel beispielhaft gezeigt, transparent und nachvollziehbar dargestellt werden.

7 Ableitung von Empfehlungen aus den energetischen Untersuchungen für den Konstruktionsprozess

7.1 Erstellung eines Anforderungskatalogs mit Zugriffssystem für eine energieoptimal recyclingorientierte Gestaltung mechanischer Bauteile und Baugruppen

7.1.1 Entwicklung des Gliederungs- und Hauptteils

In den Kapiteln 4 und 5 wurde der Einfluss der Produktgestalt auf den Energieaufwand beim Recycling mechanische Bauteile und Baugruppen untersucht und Schlussfolgerungen für deren Gestaltung formuliert. Diese Erkenntnisse sollen als Empfehlungen für den Konstruktionsprozess systematisiert und instrumentell aufbereitet werden.

Grundlage dazu ist die Erstellung eines Anforderungskatalogs für eine energieoptimal recyclingorientierte Produktgestaltung, dessen Aufbau, Inhalt und Zugriffsmöglichkeit das methodische Konstruieren ergänzend unterstützt (ROTH 1982). Anforderungskataloge bestehen in ihrem Grundaufbau aus einem Haupt- und Gliederungsteil. Sie enthalten in ihrem Hauptteil die einzelnen Anforderungen. Der Gliederungsteil dient dazu, dem Anspruch an einen Katalog hinsichtlich Handhabung, Einsatzfelder, Konsistenz, Vollständigkeit und Erweiterbarkeit gerecht zu werden (ROTH 1982). Der Gliederungsteil unterteilt die Anforderungen im Hauptteil nach möglichst widerspruchsfreien Gesichtspunkten.

Der Gliederungsteil sollte die Elemente des Hauptteils in Kategorien strukturieren, die den potentiellen Katalognutzer - Entwickler und Konstrukteure - geläufig sind. Die Elemente des Hauptteils sind daher gestaltsorientierte Anforderungen für den Konstruktionsprozess, dessen Durchführung sich ablauforientiert und teilaufgabenorientiert strukturieren lässt (VDI 2221) (Bild 43). In Ergänzung der zitierten Richtlinie kann sich nach vollendeter Konstruktion eines Produktes eine fertigungs-, kosten- oder eben umweltorientierte Überarbeitung anschließen. Mögliche Gesichtspunkte der Gliederung sind demnach

a) die Phasen der Konstruktion, oder

b) die mit a) zusammenhängenden Teilaufgaben und -ergebnisse der Konstruktion.

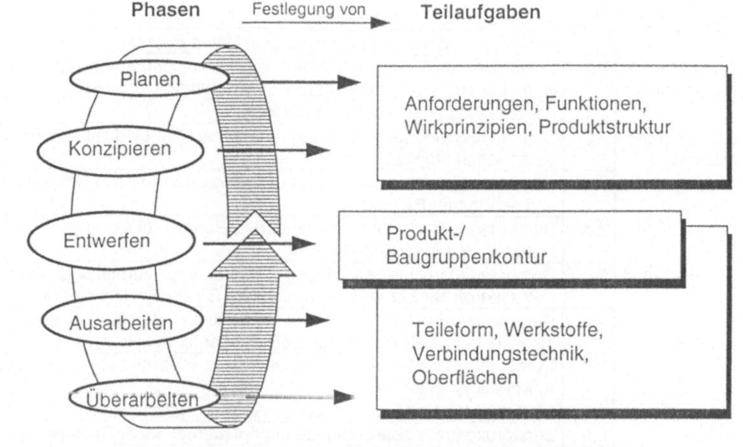

Bild 43: Phasen und deren Teilaufgaben der Produktentwicklung und -konstruktion (nach VDI 2221, VALLHAGEN 1996)

Die Entscheidung fällt zugunsten b) aus, weil eine eindeutige Zuordnung bereits der Teilaufgaben zu den einzelnen Phasen der Konstruktion oft nur theoretisch gelingt und dasselbe für einzelne Gestaltungsanforderungen gelten muss. Eine Zuordnung der Gestaltungsanforderungen zu den Teilaufgaben der Konstruktion ist vergleichsweise eindeutig möglich. Die entsprechend den Teilaufgaben ermittelten Elemente des Gliederungsteils sind:

1. Funktion und Lösungsprinzipien,
2. Baustruktur und Verbindungstechnik,
3. Werkstoffwahl und -kennzeichnung,
4. Teileform und Oberfläche.

Eine weitere Aggregation oder Disaggregation der Elemente des Gliederungsteils wird als nicht sinnvoll erachtet.

Im Hauptteil des Katalogs werden die Empfehlungen für eine energieoptimal recyclingorientierte mechanischer Bauteile und Baugruppen in textlicher Form als Funktionssatz (Anforderung) zusammengefasst (ROTH 1982) (Tabelle 7).

Gliederungsteil	**Hauptteil**	
Teilaufgabe der Konstruktion; legt fest:	Gestaltungsempfehlung	
1 Funktion und Lösungsprinzipien	1.1	Lenkung der Abnutzung auf möglichst kleine Bauteile
	1.2	Schaffung von Voraussetzungen, die Funktionsumfang und Lebensdauer eines Bauteils bei seiner Aufarbeitung zumindest sicherstellen
2 Baustruktur und Verbindungs-technik	2.1	Bevorzugung einer integralen Bauweise
	2.2	Demontagegerechte Anordnung und lösbare Verbindung von Bauteilen mit gefährlichen Inhaltsstoffen
	2.3	Demontagegerechte Anordnung und lösbare Verbindung elastischer, zäher und sehr harter Bauteile
	2.4	Demontagegerechte Anordnung und lösbare Verbindung von Bauteilen aus Grauguß und Automatenstahl
	2.5	Demontagegerechte Anordnung und lösbare Verbindung elektronischer und elektrotechnischer Baugruppen und Bauteile einschließlich Kabel
	2.6	Demontagegerechte Anordnung und lösbare Verbindung legierter Stähle insbesondere mit oxidierbaren Legierungselementen
	2.7	Demontagegerechte Anordnung und lösbare Verbindung von Bauteilen aus Al-Knetlegierungen
	2.8	Bevorzugung punktuell wirksamer Verbindungsschlüsse
	2.9	Zerstörungsfrei lösbare Verbindung aufzuarbeitender Bauteile
	2.10	Vermeidung von Schraub- und Pressverbindungen
3 Werkstoffwahl/-kennzeichnung	3.1	Vermeidung gefährlicher Inhaltsstoffe (nach ChemG §§ 3a, 19)
	3.2	Vermeidung von Flammhemmern auf PBD/PBDE-Basis
	3.3	Vermeidung chlororganischer und bleihaltiger Zusatzstoffe
	3.4	Vermeidung halogenhaltiger Zusätze und Modifikationen
	3.5	Minimierung des Werkstoffeinsatzes
	3.6	Einsatz von Werkstoffen mit hohem Rezyklatanteil
	3.7	Bevorzugter Einsatz wiederholt urformbarer Werkstoffe
	3.8	Reduzierung der Werkstoffvielfalt bei Bauteilen vergleichbarer Funktion
	3.9	Standardisierung innerhalb der Altstoff-/ Legierungsgruppen
	3.10	Ausbildung von chemisch/ physikalisch gut trennbaren Legierungsgruppen im Produkt
	3.11	Minimierung der Automatenstahlmenge
	3.12	Bevorzugung austhenitischer Edelstähle bei Kombination legierter und unlegierter Qualitäten
	3.13	Bevorzugter Einsatz von AlSiCu-Legierungen für Aluminiumgußbauteile
	3.14	Vermeidung großflächiger Lackierung oder metallischer Schichten
	3.15	Verbund mit fremden Werkstoffen nur, wenn unterschiedliche Sortiermerkmale vorliegen
	3.16	Sinnvolle Beschränkung des Anteils inerter, insbesondere faserförmiger Füll- und Verstärkungsstoffe
	3.17	Einsatz schweißgerechter Stähle bei Verschleißteilen
	3.18	Kennzeichnung von Bauteilen zumindest nach einschlägigen Normen
4 Teileform und Oberfläche	4.1	Hoher Verschleißschutz bei großen, materialintensiven Verschleißteilen
	4.2	Reinigungs-, prüf- und sortiergerechte Bauteilgestaltung
	4.3	Gewährleistung einer ausreichenden Materialdicke unter aufarbeitungswürdigen Bauteilflächen

Tabelle 7: Gliederungs- und Hauptteil für einen Konstruktionskatalog mit Empfehlungen für die energieoptimal recyclingorientierte Gestaltung mechanischer Bauteile und Baugruppen

Wie bereits in den Kapiteln 4 und 5 mehrfach gezeigt werden konnte, sind viele Empfehlungen auch hinsichtlich einer kostenoptimal recyclingorientierten mechanischer Bauteile und Baugruppen gültig. Ursache dieser Kongruenz sind Prozesse, deren Energieverbrauch ein erheblicher Kostenfaktor ist oder deren Aufwand mit der Zeitdauer arbeitsintensiver Prozesse in engem Zusammenhang steht.

Der Katalog kann beim Stand der in der vorliegenden Arbeit gewonnenen Erkenntnisse als vollständig betrachtet werden. Zukünftige Entwicklungen, Prozess- und Produktinnovationen können allerdings auf die Empfehlungen im Katalog zurückwirken, sie obsolet werden lassen oder Ergänzungen erfordern. Der Katalog ist daher durch Löschen, Ändern und Hinzufügen von Empfehlungen dynamischer Natur.

7.1.2 Entwicklung des Zugriffssystems

Der Zugriffsteil soll die gezielte und schnelle Handhabung eines Anforderungskatalogs sichern (ROTH 1982). Er enthält verwendungszweckorientierte Kriterien, mit deren Hilfe die günstigste Lösung aus dem Hauptteil herausgefiltert werden kann.

Zweck des zunächst als Gliederungs- und Hauptteil vorliegenden Katalogs ist die Anwendung der Empfehlungen bei der Entwicklung von Produktkomponenten im Hinblick auf ihre kreislaufwirtschaftlichen Optionen. Letztere sind daher ein erstes Zugriffskriterium für den Katalogbenutzer und entsprechend zu unterscheiden. Das setzt bei der Katalogbenutzung voraus, dass in einem frühen Stadium der Produktentwicklung die Entscheidung fällt, für welche dieser Optionen die konkrete Produktkomponente vorgesehen ist (STEINHILPER 1994, BECKER,A. 1995). Fehlt diese Voraussetzung, so sollten alle Optionen konstruktiv Berücksichtigung finden.

Bereits ohne Zugriffsteil ist im Hauptteil des Katalogs zu erkennen, dass einige Empfehlungen für Produktkomponenten mit definierten Eigenschaften gelten. So sind die verwendeten Werkstoffe und deren Kombination in Baugruppen technologiebestimmendes Merkmal bei den Behandlungsprozessen zum Recycling. Darüber hinaus beziehen sich einige Empfehlungen auf Einzelteile, andere auf Baugruppen bzw. das gesamte Produkt, so dass eine Unterscheidung in diese beiden Produktstrukturebenen ebenfalls sinnvoll ist. Die Kombination der genannten Zugriffskriterien und deren Ausprägungen ergibt den Zugriffsteil für den Katalog (Tabelle 8).

Gliederungsteil	Haupt-teil	Zugriffsteil				
Teilaufgabe der Konstruktion; legt fest:	Em-pfeh-lung	KRW-Option*	Eigenschaften der betrachteten Komponente			Bemer-kungen
			Werkstoffe	kombinierte Werk-stoffe im Produkt	SE**	
1	1.1	PR			BG/ P	
Funktion und Lösungsprinzipien	1.2	PR			BG/ P	
2	2.1	PR			BG/ P	
Baustruktur und Verbindungs-technik	2.2	MR	Stoffe, die eventuell Gefahrstoffe enthalten	sonstige	BG/ P	Gefahrstoffe siehe GefStoffV
	2.3	MR	Elastomere, Fe-Guß, Mineralien	sonstige	BG/ P	Gilt für mas-sive, große Teile
	2.4	MR	Grauguß, Auto-matenstahl	Fe-Metalle	BG/ P	
	2.5	MR	Funktionswerkstoffe der Elektrik/ Elektronik	sonstige, vor allem Fe-Metalle	BG/ P	
	2.6	MR	Legierte Stähle	nichtlegierte Fe-Metalle	BG/ P	
	2.7	MR	Al-Knetlegierungen	Al-Gußlegierungen	BG/ P	
	2.8	MR	Verwertbare Stoffe	sonstige	BG/ P	
	2.9	PR			BG/ P	
	2.10	PR			BG/ P	
3 Werkstoffwahl/-kennzeichnung	3.1	PR, MR, RV	alle		ET	
	3.2	MR	Thermoplaste		ET	
	3.3	MR	Beschichtungsstoffe	Metalle	ET	
	3.4	MR, RV	Kunststoffe		ET	
	3.5	MR	alle		BG/ P	
	3.6	MR	alle		ET	
	3.7	MR	Kunststoffe		ET	
	3.8	MR	alle		BG/ P	
	3.9	MR	Erneut urformbare Werkstoffe	Werkstoffe gleicher Altstoff-/ Legierungs-gruppe	BG/ P	Stähle, Al, Thermo-plaste
	3.10	MR	Erneut urformbare Werkstoffe	Werkstoffe unglei-cher Altstoff-/ Legierungsgruppe	BG/ P	
	3.11	MR	Automatenstahl	Fe-Metalle	BG/ P	
	3.12	MR	Legierte Stähle	Fe-Metalle	BG/ P	
	3.13	MR	Al-Gußlegierungen	Cu-/ Si-haltige Al-Legierungen	BG/ P	
	3.14	MR, RV	Kunststoffe		ET	
	3.15	MR	Thermoplaste	sonstige	BG/ P	
	3.16	MR, RV	Kunststoffe		ET	etwa < 20%
	3.17	PR	Stähle		ET	
	3.18	MR	Thermoplaste		ET	ISO 11469
4	4.1	PR			ET	
Teileform und	4.2	PR			BG/ P	
Oberfläche	4.3	PR			ET	

*PR..Produktrecycling (Wiederverwendung); MR..Materialrecycling (Werkstoffliche Verwertung); RV..Rohstoffliche Verwertung
**SE..Strukturebene; P..Produkt; BG..Baugruppe; ET..Einzelteil

Tabelle 8: Zugriffsteil für den Konstruktionskatalog mit Empfehlungen für die energieoptimal recyclingorientierte Gestaltung mechanischer Bauteile und Baugruppen (ausführlicher Hauptteil in Tabelle 7)

Für eine konkret bearbeitete mechanisches Produktkomponente (Bauteil oder Baugruppe) und gegebenenfalls unter Kenntnisse ihrer Behandlungsprozesse beim Recycling kann der Katalognutzer gezielt auf Empfehlungen zugreifen bzw. nicht relevante in der Betrachtung weglassen. Aus der Gesamtheit aller im Katalog enthaltenen Empfehlungen an eine energieoptimal recyclingorientierte Gestaltung mechanischer Bauteile und Baugruppen kann somit ein komponentenspezifischer Anforderungskatalog generiert werden.

7.2 Integration des Anforderungskatalogs in den Konstruktionsprozess

7.2.1 Aufstellung der inhaltsbezogenen Voraussetzungen

Die Integration des Anforderungskatalogs in den Konstruktionsprozess werden von inhaltsbezogenen Voraussetzungen und dem instrumentellen Rahmen bestimmt. Grundlegende Erkenntnisperspektive ist dabei, dass die Empfehlungen der energieoptimal recyclingorientierten Gestaltung mechanischer Bauteile und Baugruppen weniger kundenverursacht, sondern vom Hersteller im Sinne eines gewachsenen Anspruchs an die Produktverantwortung getragen werden. Die Voraussetzungen betreffen die Verankerung, Vermittlung und Pflege der abgeleiteten Empfehlungen (Bild 44).

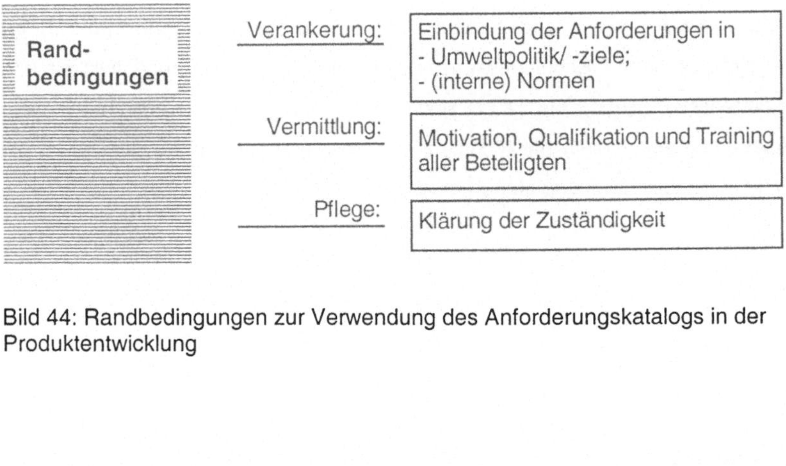

Rand-bedingungen		
	Verankerung:	Einbindung der Anforderungen in - Umweltpolitik/ -ziele; - (interne) Normen
	Vermittlung:	Motivation, Qualifikation und Training aller Beteiligten
	Pflege:	Klärung der Zuständigkeit

Bild 44: Randbedingungen zur Verwendung des Anforderungskatalogs in der Produktentwicklung

Die Integration der Empfehlungen einer energieoptimal recyclingorientierten mechanischer Bauteile und Baugruppen sollte durch herstellereigene Zielsetzungen beispielsweise im Rahmen eines Umweltmanagementsystems als Teil des Maßnahmenkatalogs im produktbezogenen Umweltschutz verankert sein (ISO 14001). Werksinterne Normen bieten ebenfalls Möglichkeiten, die Verwendung der Anforderungen durchzusetzen und zu vereinheitlichen (SIEMENS 1993). Solche Zielsysteme und Normen sollten den Anwendern zusätzlich Instrumente in die Hand geben, die konkurrierende Empfehlungen innerhalb der umweltgerechten Produktgestaltung sowie zu kunden-, qualitäts-, fertigungs-, kostenorientierten und anderen Kriteriengruppen der Produktentwicklung beispielsweise durch Prioritäten oder Gewichtungen harmonisieren.

Es wurde bereits bei der Erstellung des Anforderungskatalogs erwähnt, dass die Weiterentwicklung des Stands der Erkenntnisse auch eine Weiterentwicklung der Empfehlungen mit sich bringt. Das betrifft Veränderungen in der energetischen Bewertung kreislaufwirtschaftlicher Optionen durch neue Recyclingtechnologien sowie Innovationen in der Produktgestaltung. Dies sollte Gegenstand einer qualifizierten Pflege des Anforderungskatalogs durch idealerweise in der Produktentwicklung tätige Fachleute sein. Die notwendig kurzen Informationswege sind dann am besten garantiert, wenn die pflegenden Personen auch gleichzeitig die Empfehlungen verwenden.

Die Entwickler und Konstrukteure als beteiligte Personen sollten für die Verwendung der Anforderungen inhaltlich sensibilisiert und motiviert sowie methodisch qualifiziert werden. Entsprechende Schulungskonzepte wurden vom Autor mitentwickelt und mehrmals realisiert (IPA 1993). Es hat sich dabei als bedeutend herausgestellt, dass die Randbedingungen hinsichtlich struktureller Verankerung und Organisation mit dem Schulungsziel in Einklang stehen müssen.

7.2.2 Instrumentelle Rahmengebung

Die Empfehlungen können durch unterschiedliche Werkzeuge im Konstruktionsprozess zur Anwendung kommen. Die Werkzeuge sollten gestaltende und bewertende Tätigkeiten - zwei phasenunabhängig wiederkehrende Tätigkeiten im Konstruktionsprozess - gleichermaßen wirkungsvoll unterstützen (Bild 45).

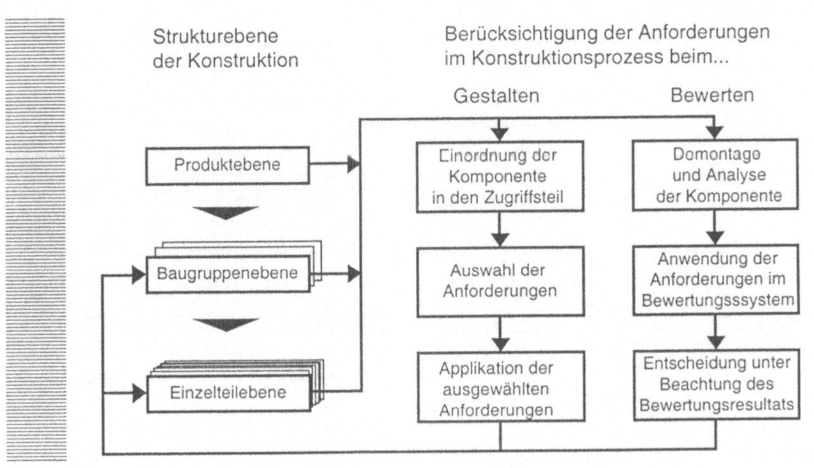

Bild 45: Verwendung der Empfehlungen einer energieoptimal recyclingorientierten Gestaltung mechanischer Bauteile und Baugruppen im Konstruktionsprozess

Der Anforderungskatalog, der als „Entwicklungsumgebung" für die Empfehlungen einer energieoptimal recyclingorientierten Gestaltung mechanischer Bauteile und Baugruppen entwickelt wurde, enthält systematisiertes Wissen in Form handlungsorientiert formulierter Funktionssätze und unterstützt zunächst nur den Gestaltungsprozess durch „vorgefertigte" Teillösungen (ROTH 1982). Soll der Anforderungskatalog rechnergestützt zum Einsatz kommen, kann der Zugriffsteil des Katalogs dem Nutzer zur interaktiven Klassifizierung der betreffenden Komponente dienen. Dazu werden die Zugriffsmerkmale in einzelne Klassifikationskriterien überführt, aus deren Kombination die Empfehlungen generiert werden können (FRIEDEL 1996) (Bild 46).

Zugriffsteil des Anforderungskatalogs

Ausbildung der Klassifikationskriterien im Morphologischen Kasten

Merkmal		Ausprägungen											
		1	2	3	4	5	6	7	8	9	10	11	12
A	Struktur-ebene	Produkt/ Bau-gruppe	Einzel-teil										
B	Werkstoff (-gruppe)	Gefahr-stoffe	Elektro-/ Elektro-nikwerk-stoffe	Mine-ralien	Elasto-mere	Hartguß	Grau-guß	Auto-maten stahl	(Hoch-) legierte stähle	Thermo-plaste	Al-Knet-legie-rung	Al-Guß-legie-rung	Un-legierte Stähle
C	Kombi-nierte Werkstoff-gruppe	Gleiche Aststoff-gruppe	Ungleiche Alt-stoff-gruppe	Un-legierte Eisen-metalle	(Hoch)-legierte Eisen-metalle	Nicht-eisen-metalle	Al-Guß-legie-rung	Cu-/Si-haltige Al-Le-gierung					

Zuordungsmatrix für die rechnergestützte Generierung komponentenspezifischer Anforderungskataloge

Gliederung	Anforderung		Klassifikationskriterien						
			A: Strukturebene		B: Werkstoff (-gruppe)				
			1	2	1	2	3	4	5
1 Funktion / Lösungs-prinzipien	1.1	Lenkung der Abutzung auf möglichst kleine Teile	x		x	x	x	x	x
	1.2	Funktionsumfang und Lebensdauer für eine Aufarbeitung sicherstellen	x		x	x	x	x	x
2 Baustruktur und Ver-bindungs-technik	2.1	Bevorzugung einer integralen Bauweise	x		x	x	x	x	x
	2.2	Demontagegerechte Anordnung und lösbare Verbindung von Komponenten mit gefährlichen Stoffen	x		x	x			
	2.3	Demontagegerechte Anordnung und lösbare Verbindung elastischer, zäher und sehr harter Komponenten	x				x	x	x
	2.4	Demontagegerechte Anordung und lösbare Verbindung von Komponenten aus Grauguß oder Automatenstahl	x						

Bild 46: Entwicklung einer Zuordnungsmatrix für die rechnergestützte Generierung komponentenspezifischer Empfehlungen

Neben gestaltender Tätigkeit ist der Konstruktionsprozess durch Entscheidungen über Lösungsvarianten geprägt, was deren Bewertung, d.h. die Verknüpfung von Sachinformationen mit subjektiven Werturteilen, voraussetzt. Die Empfehlungen einer energieoptimal recyclingorientierten Gestaltung mechanischer Bauteile und Baugruppen müssen dazu mit einem Bewertungssystem versehen werden. Diese Systeme können als Checkliste mit Ja/Nein-Abfragen für eine Prüfung bis hin zu einem skalierten Bewertungssystem für eine vorwiegend vergleichende Bewertung vorgefunden werden (VDI 2225, ZANGEMEISTER 1970, WENDE 1994, IPA 1994, BETZ 1996).

Für die rechnergestützte Bewertung eignet sich die Anwendung der Fuzzy-Logic, da die Erfüllungsgrade einiger Empfehlungen nur „unscharf" fassbar sind und eine Vielzahl solcher Anforderungen die Endbewertung herbeiführen (KICKERMANN 1995). So ist beispielsweise das exakte Urteil schwer zu fällen, bei welcher Baustruktur ein Produkt oder eine Baugruppe nicht mehr modular aufgebaut ist.

Neben der normativen Bewertung anhand der Kriterien kann auch eine energetische oder ausführliche ökologische Bewertung mehrerer Komponenten auf eine kreislaufwirtschaftliche Option hin erfolgen mit dem Vorteil, dass diese ökologische Parameter quantitativ ermitteln. Im Vergleich zur Bewertung anhand der Empfehlungen ist der hohe Aufwand aufgrund der notwendigen Schritte sowie - zum Zwecke der Vergleichbarkeit - die Festlegung auf eine kreislaufwirtschaftliche Option nachteilig. Energetische oder ökologische Bilanzen sind daher eher für strategische Entscheidungen geeignet.

7.3 Einordnung des Anforderungskatalogs in das Instrumentarium ökologischer Produktentwicklung

Die aus der energetischen Bewertung kreislaufwirtschaftlicher Optionen entwickelten Empfehlungen einer energieoptimal recyclingorientierten Gestaltung mechanischer Bauteile und Baugruppen ordnen sich bezüglich der Kriterienausrichtung in das Instrumentarium der ökologischen Produktentwicklung ein. Die betroffenen Lebenswegabschnitte leiten sich aus dem hier verfolgten Ansatz ab, nachdem mechanische Bauteile und Baugruppen so gestaltet sein sollen, dass kreislaufwirtschaftliche Prozesse energieoptimal durchlaufen werden. Durch die Flexibilität gegenüber instrumentellen Rahmensetzungen wird das informatorische und handlungsorientierte Instrumentarium der ökologischen Produktentwicklung gleichsam erweitert (Bild 47).

Die Empfehlungen einer energieoptimal recyclingorientierten Gestaltung mechanischer Bauteile und Baugruppen selbst wurden in der vorliegenden Arbeit aus Untersuchungen zum kumulierten Energieaufwand kreislaufwirtschaftlicher

Prozesse abgeleitet. Die Ableitung der Empfehlungen wird damit nicht zwingend zum Instrumentarium ökologischer Produktentwicklung als zugehörig betrachtet.

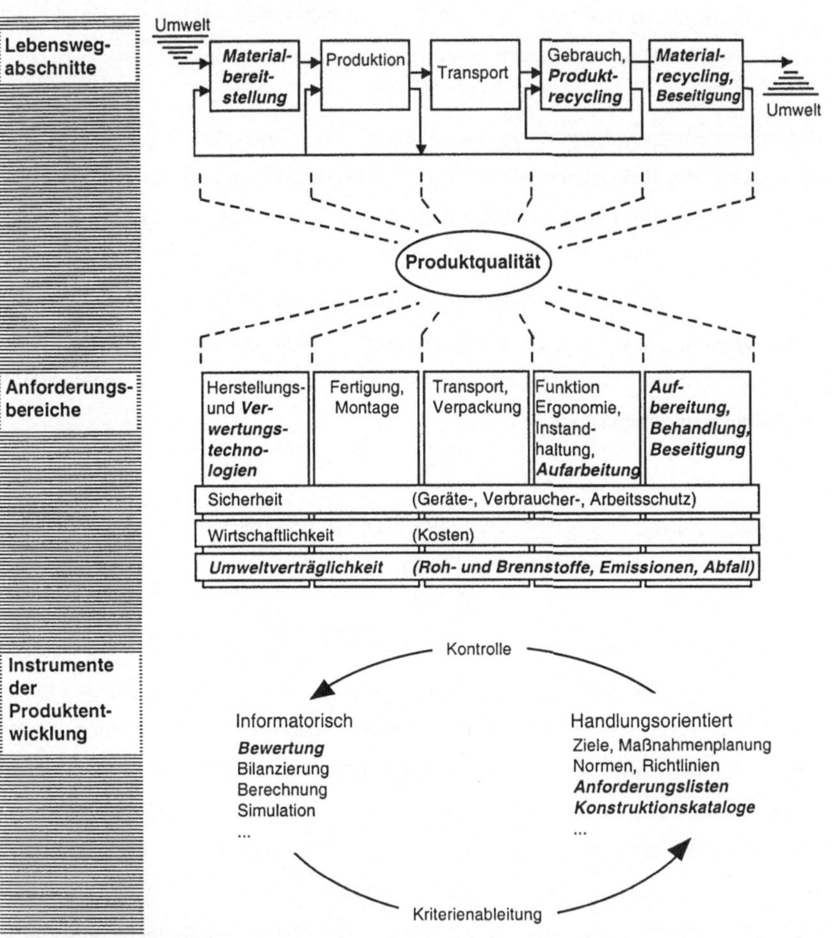

Bild 47: Einordnung des Katalogs mit Empfehlungen einer energieoptimal recyclingorientierten Gestaltung mechanischer Bauteile und Baugruppen (***fett kursiv*** hervorgehoben)

Ökologische Bilanzen einschließlich Energiebilanzen „konkurrieren“ mit anforderungsbasierten Bewertungssystemen, wenn sie als Teil des informatorischen Instrumentariums zur Bewertung von Produktkomponenten eingesetzt werden. Anforderungsbasierte Systeme unterliegen dabei im Vergleich zur Bilanzierung stärker subjektiven Einflussfaktoren. Sie bilden das Bewertungsproblem darüber hinaus schlechter ab, weil Bilanzen die stofflichen oder energetischen Wechselwirkungen betrachten. Das gilt vor allem für Bewertungskriterien, die nicht auf Basis von Bilanzen abgeleitet wurden. Bilanzen betrachten hingegen jegliches Produkt als funktionsbehaftete Anhäufung von Werkstoffen und bilden qualitative Eigenschaften, wie beispielsweise die Anordnung von zu demontierenden Komponenten im Gesamtprodukt, relativ schlecht ab. Das gilt vor allem für Kriterien der recyclingorientierten Gestaltung mechanischer Bauteile und Baugruppen. Auch unterliegen sie dem praxisrelevanten Problem, dass ihre Erstellung, angefangen von der Systemmodellierung, über die Datenermittlung und -aufbereitung bis hin zur Bilanzierung vor allem bei Prozessen, die nicht im Zugriffsbereich des Bilanzierers liegen, recht aufwondig ist. Der häufig beschrittene Ausweg, fast nur noch generalisierte Daten zu verwenden, führt dann zu einer Scheingenauigkeit der Ergebnisses.

Die ermittelten Empfehlungen einer energieoptimal recyclingorientierten Gestaltung mechanischer Bauteile und Baugruppen fügen sich nahtlos in das Instrumentarium ökologischer Produktgestaltung ein. Ihre Verwendung eignet sich auch und gerade als Bestandteil kriterienbasierter Bewertungssysteme, da sie systematisch aus Ergebnissen der ökologischen Bewertung auf der Basis des kumulierten Energieaufwands abgeleitet worden sind.

8 Zusammenfassung und Ausblick

Die ökologischen Effekte des Recyclings maschinenbaulicher Produkte variieren in vielfältiger Weise und werden potentiell von der Produktgestalt beeinflusst. Dieser Zusammenhang gewinnt vor dem Hintergrund einer ökologischen Stoffstrompolitik gepaart mit der immmer stärkeren Einbeziehung der Produkthersteller in die kreislaufwirtschaftliche Verantwortung zunehmend an Bedeutung. Die vorliegende Arbeit analysierte diesen Zusammenhang für mechanische Bauteile und Baugruppen und hinterlegt ihn auf Basis des kumulierten Energieaufwands mit neuen und quantitativen Argumenten.

Der Einfluss der Produktgestalt auf den Energieaufwand beim Recycling kann nur aus energetischen Untersuchungen der Recyclingprozesse abgeleitet werden. Dies erforderte eine Modellierung der Untersuchungsmethode und des Untersuchungsgegenstands. Ein besonderer methodischer Beitrag der Arbeit liegt in der Herleitung der Systemgrenze auf Basis der Zuordnung der Produktstrukturebenen zu möglichen Recyclingoptionen.

Beginnend mit der Demontage oder Zerkleinerung wurde das Recycling eines mechanischen Bauteils oder einer mechanischen Baugruppe untersucht. Bilanztechnisch unterscheiden sich beide Prozesse durch die bei der Zerkleinerung folglich notwendige Wiederherstellung der Gestalt. Es konnte quantitativ aufgezeigt werden, dass die verfahrenstechnische Zerkleinerung den Hauptanteil des Energieaufwands für die Aufbereitung verursacht, während Demontageprozesse bei ihrem heute zu vernachlässigenden Automatisierungsgrad energetisch irrelevant sind. Haupteinflussgröße des Energieaufwands der Zerkleinerung ist die zu erreichende Endkorngröße, um einen bestimmten Aufschlussgrad zu erzielen. Beide Faktoren, die unmittelbar mit den Verbindungsverhältnissen im zu zerkleinernden Produkt zusammenhängen, wurden unter Ableitung von Schlussfolgerungen für eine zerkleinerungsgerechte Produktgestaltung energetisch beurteilt.

Die Bauteilaufarbeitung fällt energetisch ins Gewicht, wenn eine Materialergänzung notwendig wird. Entsprechende energetische Kennwerte wurden ermittelt. Die

Abnutzung sollte dementsprechend auf kleine Teile gelenkt werden, wofür energetische Kriterien formuliert wurden.

Mit den energetischen Untersuchungen der Verwertung von Stahl- und Aluminiumlegierungen sowie technischen Thermoplasten wurde deutlich aufgezeigt, dass die zumeist pauschal genannten Energieeinsparpotentiale nur für bestimmte Prozessbedingungen gelten. Wesentlichen Einfluss hat die Stoffqualität nach der Aufbereitung, wobei den ansonsten energetisch irrelevanten Demontageprozessen erstmals eine energetische „Triggerfunktion“ neu zugewiesen werden konnte, die sich aufgrund der Grenzen verfahrenstechnischer Separationstechniken herausarbeiten ließ. Damit verbundene Einflüsse durch die Produktgestalt wurden aufgezeigt.

Die Untersuchungsperspektive auf Werkstoff- und Bauteilebene technischer Produkte wurde in einem Fallbeispiel exemplarisch auf Produktebene erweitert. Die tiefergehende energetische Untersuchung unter Variation der Recyclingparameter zeigte die hohe Bedeutung einer nachvollziehbaren Festlegung kreislaufwirtschaftlicher Optionen für die energetische Bewertung auf.

Eine Ableitung von Empfehlungen für den Konstruktionsprozess erfordert die Systematisierung, Aufarbeitung und Instrumentalisierung der analytischen Erkenntnisse. Die vorliegende Arbeit legt dazu einen Anforderungskatalog mit Zugriffssystem vor. Darüber hinaus wurden organisatorische Randbedingungen seiner Einführung in den Konstruktionsprozess genannt und mögliche instrumentelle Rahmen aufgezeigt.

Mehrere Ansätze können in weiterführenden Arbeiten verfolgt werden. Der zunehmend hohe Anteil elektrischen und elektronischer Bauteilen sowie Baugruppen in maschinenbaulichen Produkten macht ihre Einbeziehung in die energetische Untersuchung kreislaufwirtschaftlicher Prozesse notwendig. Ein anderer Ansatz sollte sein, den kumulierten Energieaufwand um die Parameter der Ökobilanz zu erweitern und so die Aussagen zu differenzieren. Weiterhin kann der hier entwickelte Anforderungskatalog, mit einem Bewertungssystem versehen und unter Harmonisierung mit anderen Empfehlungen, rechnergestützt implementiert werden, um die Gestaltung technischer Produkte für eine ökologische Kreislaufwirtschaft ein Stück wirklicher zu machen.

9 Verwendete Literatur

ALFARO 1986 — Alfaro, I.: Technische und wirtschaftliche Gesichtspunkte bei der Entstehung und Verarbeitung von Aluminiumkrätze. In: Aluminium 62 (1986) Nr. 4, 259-266

ALKER 1992 — Alker, K.: Analysengerechte Aufbereitung von Shredder-Schrott. In: Erzmetall 45 (1992) Nr. 2, 93-100;

ANGERER 1993 — Angerer, G.; Bätcher, K.; Bars, R.: Verwertung von Elektronikschrott - Stand der Technik, Forschungs- und Entwicklungsbedarf. Forschungsbericht FhG-ISI, Karlsruhe, 1993

BALL 1992 — Ball, M.; Päpke, O.; Lis, A.: Weiterführende Untersuchung zur Bildung von polybromierten Dioxinen und Furanen bei der thermischen Belastung flammgeschützter Kunststoffe und Textilien, Texte 45/ 92. Berlin: Umweltbundesamt, 1992

BASTEN 1986 — Basten, A. Th.; Dubois, L.: Trennung von Nichtmetallen und Metallen unter Einsatz von Wasserzyklonen. In: Aufbereitung metallischer und metallhaltiger Sekundärrohstoffe, Teil II. Freiberger Forschungshefte A 745/746. Leipzig: Deutscher Verlag für Grundstoffindustrie, 1986, 105-117

BDS 1984 — Bundesverband der Deutschen Schrottwirtschaft e.V. (BDS) (Hrsg.): Recycling: Vom Schrott zum Stahl. Düsseldorf: Verlag Handelsblatt GmbH, 1984

BDS 1995 — Statistische Unterlagen des BDS Stahlrecycling, dem Autor zugesandt am 22.05.1995

BDS 1996 — Telefonische Auskünfte des BDS und des Stahl-Infomationszentrums am 16.12.1996

BECKER,A. 1995 — Becker, A.; Nissen, U.: Produktplanung. In: Alijah (Hrsg.): Praxishandbuch Betriebliche Umweltmanagementsysteme. Augsburg: Weka-Verlag, 1995

BECKER,E. 1993 — Becker, E.: Reststoffe des Aluminiumrecyclings - Chancen der Aufarbeitung und Weiterverwertung. RWTH Aachen, Diss., 1993

BECKMANN 1991 — Beckmann, M.: Aufarbeitung von Aluminiumsalzschlacken in Nordrhein-Westfalen. In: Aluminium 67 (1991) Nr. 6, 586-592

BETZ 1996 — Betz, G.; Vogl, H.: Das umweltgerechte Produkt : Praktischer Leitfaden für das umweltbewusste Entwickeln, Gestalten und Fertigen. Neuwied/ Kriftel/ Berlin: Luchterhand Verlag, 1996

BIRAT 1995 — Birat, J.P. et al.: Qualité, préparation et prétraitement des ferailles: situation actuelle et prospective. In: La Revue de Métallurgie-CIT, Avril 1995, S. 477-486;

BLAAS 1993	Blaas, R.; Bonau, H.; Pfaff, R.: Recycling langlebiger technischer Gebrauchsgüter am Beispiel von Automobilausbauteilen. Vortrag anlässlich der Konferenz des Institute for International Research „Konstruktion und Recycling im Automobilbau“, 11. u. 12. März 1993, München
BOUSTEAD 1993	Boustead, I.: Eco-Profiles of the European plastic industry. Bericht für das Europäische Zentrum für Kunststoffe in der Umwelt (PWMI), Brüssel, Mai 1993
BRINKMANN 1994	Brinkmann, T.; Ehrenstein, G. W.; Steinhilper, R.: Umwelt- und recyclinggerechte Produktentwicklung. Augsburg: Weka-Verlag, 1994
BROWN 1985	Brown, R. D. et al.: Separation of cast and wrought aluminum-alloys by thermomechanical processing. Bureau of Mines Report of Investigations RI 8960, 1985
BRUCH 1995	Bruch, K. H. u. a.: Sachbilanz einer Ökobilanz der Kupfererzeugung und -verarbeitung, Teil 1. In: Metall 49)1995) 4, S. 252-320
BUCHERT 1993	Buchert, M; Jenseit, W.; Wollny, V.: Die Kunststoffindustrie am Scheideweg. In: Kunststoffe Heft 6/ 1993
BURGHARDT 1982	Burghardt, H.; Neuhof, G.: Stahlerzeugung. Leipzig: Deutscher Verlag für Grundstoffindustrie, 1982
CHEMG 1993	Chemikaliengesetz (ChemG) §3a (1) und §19 (2) vom 14. Oktober 1993
DEGNER 1986	Degner, W.: Rationeller Energieeinsatz in der Teilefertigung, Berlin, Verlag Technik, 1986
DEGNER 1988	Degner, W.: Rationeller Energieeinsatz in der Fertigungstechnik. Leipzig: Zentralstelle für Rationelle Energieanwendung der staatlichen Energieinspektion, 1988
DIN 1994	N.N.: Grundsätze produktbezogener Ökobilanzen. In: DIN-Mitteilungen 3/94
DKI 1996	Telefonische Auskunft des Deutschen Kupferinstituts am 20.12.1996
DSD 1995	Arbeitsgemeinschaft Kunststoffverwertung: Ökobilanzen von Verfahren zur Verwertung von Kunststoffabfällen aus Verkaufsverpackungen (Kurzfassung). Studie im Auftrag der Deutschen und Europäischen Kunststoffindustrie, der Duales System Deutschland (DSD) GmbH und des Verbands der Chemischen Industrie (VCI), August 1995.

EBERSPERGER 1993 — Ebersperger, R.; Mauch, W.: Der kumulierte Energieaufwand von Waschmaschinen. In: Hauswirtschaft und Wissenschaft, Heft 3/1993, 132-139

EBERT 1993 — Ebert, F.: Energetische Bewertung von Verfahren zur rohstofflichen Verwertung von Altkunststoffen. Gutachten im Auftrag der TÜV ARGE-DSD, Kaiserslautern, Juni 1993.

ENQUÊTE 1994 — Enquête-Kommission „Schutz des Menschen und der Umwelt“ des Deutschen Bundestages (Hrsg.): Die Industriegesellschaft gestalten; Perspektiven für einen nachhaltigen Umgang mit Stoff- und Materialströmen. Bonn: Economica Verlag, 1994

FLEISCHER 1993 — Fleischer, D.: Recycling von Polypropylen (PP). Vortrag anlässlich der Konferenz des Institute for International Research „Konstruktion und Recycling im Automobilbau“, 11. u. 12. März 1993, München;

FRIEDEL 1996 — Friedel, A.; Hieber, M.; Steinhilper, R.: Interdisciplinary Design for Environment for Electronic Communication Products. Studie für das AT&T Industrial Ecology Faculty Fellowship Program 1995/96, Stuttgart, Mai 1996

FRITSCHE 1989 — Fritsche, U.; Rausch, L.; Simon, K.-H.: Umweltwirkungsanalyse für Energiesysteme: Gesamt-Emissions-Modell Integrierter Systeme (GEMIS). Studie angefertigt am Öko-Institut/ Gesamthochschule Kassel im Auftrag des Hessischen Ministers für Wirtschaft und Technik. Darmstadt/ Kassel: Veröffentlichung durch das HMWT, 1989

GÖNER 1971 — Göner, H.; Marx, S. (Hrsg.): Aluminium-Handbuch. Berlin: Verlag Technik, 1971

GEORGESCU-ROEGEN 1987 — Georgescu-Roegen, N.: Entropiegesetz und ökonomischer Prozess im Rückblick. Schriftenreihe des IÖW 5/87. Berlin, Eigenverlag, 1987

GEP 1992 — N.N.: Recyclinggerechtes Design. Firmenbroschüre von GE Plastics, Rüsselsheim, 1992;

GILGEN 1991 — Gilgen, P. W.: Aluminium in der Kreislaufwirtschaft. In: Erzmetall 44 (1991) Nr. 6, 293-302;

GOODWIN 1980 — Goodwin, F. E. et al.: Strengthening of Wrought Aluminum Alloys by Fractional Melting. in: Metallurgical Transactions A, Vulome 11A, November 1980, 1777-1787

GROTE 1994 — Grote, A.: Grüne Rechnung : Das Produkt Computer in der Ökobilanz. In: c't 1994, Heft 12, 92-98

HÄRDTLE 1994 — Härdtle, G.; Marek, K.; Bilitewski, B.; Gorr, Chr.: Altautoverwertung. Beiheft zu Müll und Abfall, Fachzeitschrift für Behandlung und Beseitigung von Abfällen (Heft 32). Berlin: Erich Schmidt Verlag, 1994

HÖFFL 1982 — Höffl, K.; Schäfer, S.: Ergebnisse maschinentechnischer Untersuchungen an einem Stahlschrottshredder. Freiberger Forschungshefte A 664. Leipzig: Deutscher Verlag für Grundstoffindustrie, 1982

HABERSATTER 1991 — Habersatter, K,; Widmer, F.: Oekobilanzen von Packstoffen - Stand 1990. In: Bundesamt für Umwelt, Wald und Landschaft (BUWAL) (Hrsg.): Schriftenreihe Umwelt Nr. 133. Bern, Eigenverlag, 1991

HAGEDORN 1992 — Hagedorn, G.; Mauch, W.; Schaefer, H.: Der kumulierte Energieaufwand - Neue, erweiterte Definitionen. In: Energiewirtschaftliche Tagesfragen 42 (1992) 8, S. 531 537.

HANSEL 1982 — Hansel, P.: Erfahrungen bei der Aufbereitung von Stahlleichtschrott mit einer Hammermühle vom Typ Henschel. Freiberger Forschungshefte A 664. Leipzig: Deutscher Verlag für Grundstoffindustrie, 1982

HARTMANN 1986 — Hartmann, D.: Simulation des kumulierten Energieverbrauchs industrieller Produkte. Gräfelfing: Verlag Resch, 1986

HERLAN 1989 — Herlan, Th.: Optimaler Energieeinsatz bei der Fertigung durch Massivumformung. Berlin u.a.: Springer-Verlag, 1989

HILBIG 1990 — Hilbig, D.: Bewertung von Recyclingprozessen in der Teilefertigung nach dem Prinzip der vergegenständlichten Energie. Dissertation, Technische Universität Karl-Marx-Stadt, 1990

HOFFMANN 1995a — Hoffmann, C.;Ebersperger, R. u.a.: Kumulierter Energieaufwand und energieoptimierte Nutzungsdauer von Personenkraftwagen. Studie im Auftrag des bayerischen Staatsministeriums für Wirtschaft und Verkehr, München, 1995

HOFFMANN 1995b — Hoffmann, C.: Kumulierter Energieaufwand und energieoptimierte Nutzungsdauer von Personenkraftwagen. Dissertation, TU München, 1995

HOLLEY 1993 — Holley, W.; Heyde, M.; Rehmann, D.: Aufbereitung von Verpackungskunststoffen für die rohstoffliche und thermische Verwertung - Fossile Energieträger- und CO_2-Bilanz -. In: Sutter, H.: Erfassung und Verwertung von Kunststoff. Berlin: EF-Verlag für Energie- und Umwelttechnik, 1993, 339-368;

HUROP 1986 Hurop, G.; Schubert, G.; Hartwig, F.: Aufbereitung der Schrotte aus der Elektrotechnik und Elektronik. In: Freiberger Forschungshefte A 746. Leipzig: Deutscher Verlag für Grundstoffindustrie, 1986;

IPA 1993 Workshop „Umweltgerechte Produktgestaltung". Teilprojekt des Fraunhofer IPA im Auftrag der Bosch Junkers GmbH, 1993

IPA 1994 Checkliste „Recyclinggerechte Konstruktion" für Arbeitsplatz-Computer. Studie des Fraunhofer-IPA im Auftrag des Umweltbundesamts im Rahmen der Entwicklung der Vergabegrundlage Umweltzeichen „Blauer Engel" für Arbeitsplatzcomputer, Stuttgart, 1994

IPA 1997 Ökologisch orientiertes Produktassessment und Optimieren neu entwickelter Einhebelmischer. Endbericht des Fraunhofer Instituts für Produktionstechnik und Automatisierung für die Hans Grohe GmbH & Co KG, Stuttgart, 1997

ISO 11469 DIN ISO 11469: Kunststoffe - Sortenspezifische Identifizierung und Kennzeichnung von Kunststoff-Formteilen, 1993

ISO 14001 ISO 14001: Umweltmanagement-Systeme - Spezifikation mit Anleitung zur Anwendung, 1996

ISO 14040 prEN ISO 14 040: Life-Cycle-Assessment - Produktbezogene Ökobilanzen, 1996

JANDEL 1993 Jandel, A.-S.: Gemischte Kunststoffabfälle großtechnisch hydrieren. In: Umwelt 23 (1993) 5, 301-302;

JORDEN 1979 Jorden, W.; Weege, R.-D.: Recycling beginnt in der Konstruktion. Konstruktion 31 (1979) 10, 381-387

JORDEN 1984 Jorden, W.: Recyclinggerechtes Konstruieren: Utopie oder Notwendigkeit? Schweizer Maschinenmarkt (1984) Nr. 1, S. 23-25/ 32-33

KÄUFER 1989 Käufer, H.: Recyclinggerechtes Konstruieren. Kunststoffe 79 (1989) 4, 339-343

KANIUT 1996 Kaniut, C.; Kohler, H.: Life Cycle Assessment (LCA) - A Supporting Tool for Vehicle Designer? In: Jansen, H.; Krause, F.-L. (Hrsg.): Life Cycle Modelling for Innovative Products and Processes. London/ Glasgow/ Weinheim: Chapman & Hall, 1996

KELLER 1993 Keller, B; Mühlbauer, R.: Werkstoffliches Recycling von Kunststoffen aus der Datentechnik. Vortrag auf der Fachtagung des Deutschen Verbands für Materialforschung und -prüfung e.V., 1993

KICKERMANN 1995 Kickermann, H.: Rechnerunterstützte Verarbeitung von Anforderungen im methodischen Konstruktionsprozess. Dissertation, Technische Universität Braunschweig, 1995

KINDLER 1980 Kindler, H.; Nikles, A.: Energieauswand zur Herstellung von Kunststoffen. In: Kunststoffe 70 (1980) 12, 802-807

KLÖPPFER 1995 Klöppfer, W.; Renner, I.: Methodik der Wirkungsbilanz im Rahmen von Produkt-Ökobilanzen unter besonderer Berücksichtigung nicht oder nur schwer quantifizierbarer Umwelt-Kategorien. In: Umweltbundesamt (Hrsg.): Methodik produktbezogener Ökobilanzen - Wirkungsbilanz und Bewertung, Texte 23/95. Berlin: Eigenverlag, 1995

KRÜGER 1989 Krüger, J.; Reisener, J.; Vest, H.: Aluminium- und Weissblechgetränkedosen im Materialkreislauf. In: Fleischer, G.: Abfallvermeidung in der Metallindustrie. Berlin: EF-Verlag für Energie- und Umwelttechnik, 1989, S. 189-201;

KRW/ABFG 1994 Kreislaufwirtschafts- und Abfallgesetz (KrW/AbfG) vom 27. September 1994

KUHMANN 1994 Kuhmann, K.; Ehrenstein, G. W.: Recyclingverhalten der Werkstoffe - Thermoplaste. In: Brinkmann/ Ehrenstein/ Steinhilper (Hrsg.): Umwelt- und recyclinggerechte Produktentwicklung. Augsburg: WEKA Verlag, 1994

KUNZMANN 1989 Kunzmann, E. (Hrsg.): Einzelteilinstandsetzung. Berlin, Verlag Technik, 1989

LEIMEROTH 1995 Leimeroth, F.; Schöppinger, C.; Schmidt, J.: Aufs Korn genommen. Müllmagazin (1995), Heft 2, 39-43

LEOPOLD 1989 Leopold, K.: Energetische Aufwendungen für die Instandhaltung dargestellt an ausgewählten Prozessen der landtechnischen Instandhaltung. Rostock, Universität, Diss. B, 1989

LUNDHOLM 1986 Lundholm, M. P.; Sundström, G.: Ressourcen- und Umweltbeeinflussung durch zwei Verpackungssysteme für Milch, Tetra Brik und Pfandflasche. Malmö, 1986

MARTIN 1993 Martin, R.: Verfahren zur thermischen Behandlung von Elektro- und Elektronikschrott. Vortrag auf der Fachtagung des Deutschen Verbands für Materialforschung und -prüfung e.V., 1993

MAUCH 1993 Mauch, W.: Kumulierter Energieaufwand für Güter und Dienstleistungen. Herrsching: E&M Energie und Management, 1993

MENGES 1991 Menges, G.; Michaeli, W.: Recycling von Kunststoffen. München, Wien: Carl Hanser Verlag, 1991

MEYER 1983 Meyer, H.: Recyclingorientierte Produktgestaltung. Berlin: VDI-Verlag, 1983

MEYER 1992 Meyer, H.; Orth, P.; Keller, B.: Heutiger Stand der Recyclingsituation bei ABS und PC-Blends. Vortrag zur SKZ-Fachtagung „Kunststoff-Recycling im Automobil", 10./ 11.12.1992, München

MOERMANN 1992 Moermann, J. et al.: Al scrap processing using the rapid solidification technique. ASM International Conference „The Recycling of Metals", Düsseldorf/Neuss, Mai 1992

MORI 1994 Mori, G.; Paschen, P.: Energy consumption in tungsten extractive metallurgy. In: Erzmetall 47 (1994) Nr.9

NOWAK 1995 Nowak, R.: Elektronikschrott - Rohstoffquelle für den werkstofflichen Kunststoffrecycler. Vortrag zum Kunststoff-Recycling Kolloquium des FKUR, 1995, Frankfurt.

NRW 1995 Niedersächsisches Umweltministerium (Hrsg.): Abschlussbericht der Kommission der Niedersächsischen Landesregierung zur Vermeidung und Verwertung von Reststoffen und Abfällen. Hannover, 20. März 1995

OEKO-INSTITUT 1985 N.N.: Stand der Entwicklung von Recyclingverfahren für Kunststoffabfälle aus Müll unter besonderer Berücksichtigung der Umweltverträglichkeit (Werkstattreihe Nr. 18). Freiburg: Eigenverlag Öko-Institut, 1985

OEKO-INSTITUT 1993 Öko-Institut (Hrsg.): Ökologische Bilanzen in der Abfallwirtschaft - nicht toxikologische Parameter -. Freiburg/ Darmstadt: Eigenverlag, Januar 1993

OEKOAUDIT 1993 Verordnung (EWG) Nr. 1836/93 des Rates von Juni 1993 über die freiwillige Beteiligung gewerblicher Unternehmen an einem Gemeinschaftssystem für das Umweltmanagement und die Umweltbetriebsprüfung (EG-Ökoaudit-Verordnung)

OETJEN-DEHNE 1992 Oetjen-Dehne, R; Ries, G.: Aufbereitung von Autowracks. In: Thomé-Kozmiensky, K.J (Hrsg.): Materialrecycling durch Abfallaufbereitung. Berlin: EF-Verlag für Energie und Umwelttechnik, 1992, 520ff

ONUR 1995 Onur, A.: Prozess-Ökobilanzen in der Materialaufbereitung. Studienarbeit, Universität Stuttgart, 1995

ORBON 1995 Orbon, H.: Aufbereitung von zink-, magnesium- und bleihaltigen Aluminiumschrotten durch Vakuumdestillation. Dissertation, Rheinisch-Westfälischen Technischen Hochschule Aachen, 1995

PAUTZ 1984 Pautz, D.; Pietrzeniuk, H.-J.: Abfall und Energie : Einsparung und Nutzung von Energie durch Verbrennung, Pyrolyse, Biogas, Recycling und Abfallvermeidung, Abfallwirtschaft in Forschung und Praxis, Bd. 13. Berlin: Erich Schmidt Verlag, 1984

POURSHIRAZI 1987 Pourshirazi, M.: Recycling und Werkstoffsubstitution bei technischen Produkten als Beitrag zur Ressourcenschonung. Schriftenreihe Konstruktionstechnik Nr. 12, Diss., TU Berlin, 1987

REICHE 1991 Reiche, J.: Ökologische Bilanzen in der Abfallwirtschaft - Arbeitspunkte und Thesen für das Fachgespräch im Umweltbundesamt am 16.05.1991. Berlin: Umweltbundesamt, 1991

REICHERT 1977 Reichert, J.: Abschätzung der Recycling-Potentiale von Kupfer und Aluminium. In: Metall 31 (1977) 5, 475-477

RESCH 1987 Resch, R.: Ermittlung des vergegenständlichten Energieaufwands für ausgewählte Fertigungsprozesse und Produkte der metallverarbeitenden Industrie. Dissertation, Technische Universität Karl-Marx-Stadt, 1987

RICHTER 1976 Richter, K.: Aspekte der Einbeziehung des vergegenständlichten Energieverbrauchs auf die rationelle Energieanwendung, dargestellt am Beispiel der Metallformung. Zittau: Eigenverlag Ingenieurhochschule Zittau, 1976

RINK 1994 Rink, C.: Aluminium, Automobil und Recycling. Düsseldorf: Aluminium-Verlag, 1994

ROTH 1982 Roth, K.: Konstruieren mit Konstruktionskatalogen : Systematisierung und zweckmässige Aufbereitung technischer Sachverhalte für das methodische Konstruieren. Berlin: Springer-Verlag, 1982

SATTLER 1991 Sattler, H.-P.: Schrottsortieren mit Laser. In: VDI Berichte Nr. 934, Düsseldorf, 1991

SCHAEFER 1980 Schaefer, H.: Grundbegriffe der Energiewirtschaft und Energietechnik. In: BWK 32 (1980) 8.

SCHATT 1987 Schatt, W. (Hrsg.): Einführung in die Werkstoffwissenschaft. Leipzig: Deutscher Verlag für Grundstoffindustrie, 2. Aufl., 1987

SCHENKEL 1979 Schenkel, W.: Beitrag der Abfallwirtschaft zur Rohstoff- und Energieversorgung. In: Müll und Abfall 11 (1979) 1, 1-6

SCHICK 1991 Schick, A.: Vergleichende Betrachtung der Energie- und Rohstoffsituation bei der Neuherstellung, der Aufarbeitung und der Aufbereitung technischer Produkte am Beispiel von Startanlagen und Generatoren aus dem KFZ-Bereich. Diplomarbeit, Fachhochschule Heilbronn, 1991

SCHMIDT-BLEEK 1994 Schmidt-Bleek, F.: Wieviel Umwelt braucht der Mensch? - MIPS - Das Mass für ökologisches Wirtschaften. Berlin: Birkhäuser Verlag, 1994

SCHNEIDER 1970 Schneider, K.: Die Verhüttung von Aluminiumschrott. 3. Aufl. Berlin: Metall-Verlag, 1970;

SCHUBERT 1982 Schubert, G.: Entwicklungstendenzen bei der Aufbereitung der Stahl-, Gußeisen- und NE-Metallschrotte. Freiberger Forschungshefte A 664. Leipzig: Deutscher Verlag für Grundstoffindustrie, 1982

SCHUBERT 1984 Schubert, G.: Aufbereitung metallischer Sekundärrohstoffe. Leipzig: Deutscher Verlag für Grundstoffindustrie, 1984

SCHUBERT 1986 Schubert, G.: Aufbereitung komplex zusammengesetzter Schrotte. Freiberger Forschungshefte A 745. Leipzig: Deutscher Verlag für Grundstoffindustrie, 1986

SCHUBERT 1991 Schubert, G.: Aufbereitung der NE-Metallschrotte und NE-metallhaltigen Abfälle, Teil 1. In: Aufbereitungstechnik 32(1991) Nr. 2

SIEMENS 1993 Siemens Norm SN 03230: Umweltgerechte Produktgestaltung und -entwicklung, November 1993

STEINHILPER 1988 Steinhilper, R.: Produktrecycling im Maschinenbau. IPA Forschung und Praxis Nr. 115. Berlin: Springer Verlag, 1988

STEINHILPER 1990 Steinhilper, R.: Der Horizont des Konstrukteurs bestimmt den Erfolg beim Recycling, in: Konstruktion 42 (1990) 396-404

STEINHILPER 1994 Steinhilper, R.; Hudelmaier, U.: Erfolgreiches Produktrecycling. Eschborn: RKW-Verlag, 1994

TEIGELKAMP 1994 Teigelkamp, K.: Recyclingkonzept für Altkunststoffbauteile aus ausgedienten Haushaltsgeräten („Weisse Ware“). Diplomarbeit, Universität Stuttgart, 1994

TGL 10649/01 N.N.: Stahl- und Gußeisenschrott. Fachbereichsstandard der DDR, TGL 10649/01, Dezember 1984

TGL 37666 N.N.: Nichteisenmetallschrotte. Fachbereichsstandard der DDR, TGL 37666, August 1987

TILTMANN 1993 Tiltmann, K. (Hrsg.): Recyclingpraxis Kunststoffe. Köln: Verlag TÜV Rheinland, 1993

TOBER 1993 Tober, H.: Recyclinggerechtheit von „Weisser Ware" - Closed-Loop-Engineering im Team. In: Verein Deutscher Ingenieure (Hrsg.): Recyclinggerechte Produktentwicklung, VDI Berichte 1089. Düsseldorf: VDI Verlag, 1993

TUROWSKI 1977 Turowski, R.: Entlastung der Rohstoff- und Primärenergiebilanz der Bundesrepublik Deutschland durch Recycling von Hausmüll. Jülich: Eigenverlag Kernforschungsanlage Jülich GmbH, August 1977

VALLHAGEN 1996 Vallhagen, J.: Industrial methods for product and process development - a case study. In: Jansen, H.; Krause, F.-L.: Life Cycle Modelling for Innovative Products and Processes. London u.a.: Chapman & Hall, 1996, S. 475-488

VAW 1995 VAW Aluminium AG (Hrsg.): Firmenbroschüre Umwelt und Ökologie, 1995

VDI 2221 VDI Richtlinie 2221: Methodik zum Entwickeln und Konstruieren technischer Systeme und Produkte. Düsseldorf, VDI-Verlag, 1993

VDI 2225 VDI Richtlinie 2225: Technisch-wirtschaftliches Konstruieren. Düsseldorf: VDI-Verlag, 1990

VDI 2243 VDI Richtlinie 2243: Konstruieren recyclinggerechter technischer Produkte. Oktober 1993

VDI 4600 VDI-Gesellschaft Energietechnik (Hrsg.): Kumulierter Energieaufwand : Begriffe, Definitionen, Berechnungsmethoden. Entwurf zur VDI Richtlinie 4600. Berlin: Beuth-Verlag, 1995

WAGNER 1978 Wagner, H.-J.: Energieaufwendungen für den Bau und Betrieb von ausgewählten Energieversorgungsanlagen: Eine nettoenergetische Analyse. Berichte der Kernfoschungsanlage Jülich 1561. Jülich: Eigenverlag Kernfoschungsanlage Jülich, 1978

WARNECKE 1982 Warnecke, H. J.; Steinhilper, R.: Instandsetzung, Aufarbeitung, Aufbereitung: Recyclingverfahren und Produktgestaltung. VDI-Z 124 (1982), 751-758

WARNECKE 1984 Warnecke: Der Produktionsbetrieb. Berling u.a: Springer Verlag, 1984

WEEGE 1981 Weege, R.-D.: Recyclinggerechtes Konstruieren. Düsseldorf: VDI Verlag, 1981

WEIZSÄCKER 1995 Weizsäcker, E. U. v.; Lovins, A. B.; Lovins, L. H.: Faktor Vier : Doppelter Wohlstand - halbierter Naturverbrauch. München: Droemer Knaur, 1995

WENDE 1994 Wende, A.: Integration der recyclingorientierten Produktgestaltung in den methodischen Konstruktionsprozess. Fortschritt-Berichte VDI Nr. 239. Düsseldorf: VDI Verlag, 1994

WINNACKER 1973 Winnacker, K.; Küchler, L. (Hrsg.): Chemische Technologie, Band 6: Metallurgie. München: Carl Hanser Verlag, 1973;

WOLFRAM 1990 Wolfram, F.: Energetische produktbezogene Bewertung von Fertigungsprozessen. Dissertation B, Technische Universität Chemnitz, 1990

ZANGEMEISTER 1970 Zangemeister, Ch.: Nutzwertanalyse in der Systemtechnik. München: Wittemansche Buchhandlung, 1970

Stufenweise Ableitung eines praktischen Planungssystems für den Entwicklungsbereich
Von R. Hichert. ISBN 3-7830-0149-8.
1978, 151 Seiten, kartoniert. 52,– DM

Produktionsplanung mit Auftragsfamilien
Von U. W. Geitner. ISBN 3-7830-0161.7.
1979, 110 Seiten, kartoniert. 45,– DM

Thermisch-chemisches Entgraten
Von T. Wagner. ISBN 3-7830-0164-1.
1979, 111 Seiten, kartoniert. 45,– DM

Untersuchung der Materialflußkosten bei ausgewählten Systemen der Zentralen Arbeitsverteilung
Von R. Wenzel. ISBN 3-7830-0162-5.
1979, 168 Seiten, kartoniert. 86,– DM

Anpassung und Einführung eines Planungssystems für die Ablaufplanung im Konstruktionsbereich
Von W. Dangelmaier. ISBN 3-7830-0163-3.
1979, 168 Seiten, kartoniert. 80,– DM

Längenmessungen an bewegten Teilen mit berührungslos wirkenden Aufnehmern
Von H. Lang. ISBN 3-7830-0157-9
1979, 89 Seiten, kartoniert. 42,– DM

Untersuchung multistabiler Strömungselemente und ihr Einsatz in sequentiellen Steuerungen
Von A. Ernst. ISBN 3-7830-0157-9.
1979, 122 Seiten, kartoniert. 48,– DM

Taktile Sensoren für programmierbare Handhabungsgeräte
Von M. Schweizer. ISBN 3-7830-0158-7.
1979, 91 Seiten, kartoniert. 42,– DM

Die rechnerunterstützte Prüfplanung
Von P. Blasing. ISBN 3-7830-0152-8.
1979, 100 Seiten, kartoniert. 44,– DM

Verfahren zur Fabrikplanung im Mensch-Rechner-Dialog am Bildschirm
Von W. Ernst. ISBN 3-7830-0156-0.
1979, 218 Seiten, kartoniert. 72,– DM

Rechnerunterstütztes Verfahren zur Leistungsabstimmung von Mehrmodell-Montagesystemen
Von M. Gorke ISBN 3-7830-0155-2.
1979, 139 Seiten, kartoniert 50,– DM

Standortbezogene Betriebsmittel
Von G. Pflieger. ISBN 3-7830-0167-6.
1979, 127 Seiten, kartoniert. 52,– DM

Die betriebswirtschaftliche Beurteilung neuer Arbeitsformen
Von B.-H. Zippe. ISBN 3-7830-0168-4.
1979, 350 Seiten, kartoniert. 98,– DM

Untersuchung des Arbeitsverhaltens programmierbarer Handhabungsgeräte
Von B. Brodbeck. ISBN 3-7830-0169-2.
1979, 117 Seiten, kartoniert. 48,– DM

Untersuchung eines kohärent-optischen Verfahrens zur Rauheitsmessung
Von N. Rau. ISBN 3-7830-0174-9
1979, 117 Seiten, kartoniert. 48,– DM

Entwicklung einer programmierbaren, pneumatischen Steuerung
Von D. Klemenz. ISBN 3-7830-0171-4.
1979, 93 Seiten, kartoniert. 42,– DM

IPA Forschung und Praxis

Berichte aus dem Fraunhofer-Institut für Produktionstechnik und Automatisierung, Stuttgart, und dem Institut für Industrielle Fertigung und Fabrikbetrieb der Universität Stuttgart

Herausgeber: Prof. Dr.-Ing. Dr. h. c. mult. H.-J. Warnecke

---

38 **Arbeitsgangterminierung mit variabel strukturierten Arbeitsplänen — Ein Beitrag zur Fertigungssteuerung flexibler Fertigungssysteme**
Von U. Maier. ISBN 3-540-10213-2.
1980, 111 Seiten mit 45 Abbildungen. 43.— DM

39 **Kapazitätsabgleich bei flexiblen Fertigungssystemen**
Von P. S. Nieß. ISBN 3-540-10372-4.
1980, 151 Seiten mit 57 Abbildungen. 48.— DM

40 **Schichtdickenverteilung auf galvanisierten Paßteilen am Beispiel kleiner abgesetzter Wellen und Bohrungen**
Von D. Wolfhard. ISBN 3-540-10373-2.
1980, 177 Seiten mit 83 Abbildungen. 48.— DM

41 **Planung von Mehrstellenarbeit unter Berücksichtigung von Umfeldaufgaben**
Von S. Häußermann. ISBN 3-540-10374-0.
1980, 136 Seiten mit 59 Abbildungen. 48.-- DM

42 **Untersuchungen zur Schmierfilmdicke in Druckluftzylindern — Beurteilung der Abstreifwirkung und des Reibungsverhaltens von Pneumatikdichtungen mit Hilfe eines neu entwickelten Schmierfilmdicken-meßverfahrens**
Von R. Köhnlechner. ISBN 3-540-10375-9.
1980, 100 Seiten mit 38 Abbildungen und 4 Tabellen. 43.— DM

43 **Typologie zum überbetrieblichen Vergleich von Fertigungssteuerungsverfahren im Maschinenbau**
Von G. Rabus. ISBN 3-540-10376-7.
1980, 174 Seiten mit 88 Abbildungen und 21 Tafeln. 48.— DM

44 **System zur Planung des Umlaufbestandes in Betrieben mit Serienfertigung**
Von K.-G. Wilhelm. ISBN 3-540-10377-5.
1980, 142 Seiten mit 67 Abbildungen und 15 Tafeln. 48.— DM

45 **Rechnerunterstützte Arbeitsplanerstellung mit Kleinrechnern, dargestellt am Beispiel der Blechbearbeitung**
Von W. Hoheisel. ISBN 3-540-10505-0.
1981, 169 Seiten mit 74 Abbildungen. 48.— DM

46 **Beitrag zur Verbesserung der Wirtschaftlichkeit EDV-unterstützter Fertigungssteuerungssysteme durch Schwachstellenanalyse**
Von J. Lienert. ISBN 3-540-10506-9.
1981, 148 Seiten mit 37 Abbildungen. 48.— DM

47 **Die Abscheidung von Öl an Entlüftungsöffnungen drucklufttechnischer Anlagen**
Von W.-D. Kiessling. ISBN 3-540-10604-9.
1981, 117 Seiten mit 48 Abbildungen und 3 Tabellen. 43.— DM

48 **Dynamische Optimierung technisch-ökonomischer Systeme**
Von J. Warschat. ISBN 3-540-10717-7.
1981, 132 Seiten mit 60 Abbildungen. 43.— DM

49 **Bildsensor zur Mustererkennung und Positionsmessung bei programmierbaren Handhabungsgeräten**
Von H. Geißelmann. ISBN 3-540-10735-5.
1981, 125 Seiten mit 52 Abbildungen. 43.— DM

50 **Verfügbarkeitsberechnung für komplexe Fertigungseinrichtungen**
Von Ekkehard Gericke. ISBN 3-540-10779-7.
1981, 132 Seiten mit 71 Abbildungen. 43.— DM

51 **Materialflußgestaltung in Fertigungssystemen**
Von Willi Rößner. ISBN 3-540-10888-2.
1981, 149 Seiten mit 76 Abbildungen. 48.— DM

52 **Beitrag zur Analyse der Auswirkungen der Mikroelektronik, dargestellt am Beispiel der Büromaschinen-Industrie**
Von Werner Neubauer. ISBN 3-540-10991-9.
1981, 145 Seiten mit 27 Abbildungen und 47 Tabellen. 43.— DM

53 **Modelle von Informationssystemen zur kurzfristigen Fertigungssteuerung und ihre Gestaltung nach betriebsspezifischen Gesichtspunkten**
Von Roland Gentner. ISBN 3-540-10992-7.
1981, 181 Seiten mit 69 Abbildungen und 7 Tabellen. 48.— DM

54 **Entwicklung von Verfahren zur Terminplanung und -steuerung bei flexiblen Montagesystemen**
Von Jürgen H. Kölle. ISBN 3-540-11227-8.
1981, 132 Seiten mit 64 Abbildungen und 1 Faltplan. 43.— DM

55 **Arbeits- und Kapazitätsteilung in der Montage**
Von Stefan Dittmayer. ISBN 3-540-11228-6.
1981, 124 Seiten und 56 Abbildungen. 43.— DM

56 **Beitrag zur systematischen Planung der Qualitätsprüfung bei Klein- und Mittelserienfertigung**
Von Herbert Babic. ISBN 3-540-11325-8
1982, 108 Seiten mit 38 Abbildungen und 7 Tabellen. 53.— DM

57 **Methode zur rechnerunterstützten Einsatzplanung von programmierbaren Handhabungsgeräten**
Von Uwe Schmidt-Streier. ISBN 3-540-11355-X.
1982, 188 Seiten mit 72 Abbildungen. 53.– DM

58 **Werkstoff- und Energiekennwerte industrieller Lackieranlagen, am Beispiel der Automobilindustrie**
Von Rainer Manfred Thiel. ISBN 3-540-11356-8.
1982, 116 Seiten mit 59 Abbildungen. 53.– DM

59 **Maßnahmen zum Verbessern der pneumatischen Lackzerstäubung – Teilchengrößenbestimmung im Spritzstrahl –**
Von Klaus Werner Thomer. ISBN 3-540-11507-2.
1982, 162 Seiten mit 94 Abbildungen und 1 Tabelle. 53.– DM

60 **Ermittlung und Bewertung von Rationalisierungsmaßnahmen im Produktionsbereich**
Von Jürgen Schilde. ISBN 3-540-11730-X.
1982, 158 Seiten mit 57 Abbildungen. 53.– DM

61 **Untersuchung von Verfahren der Reihenfolgeplanung und ihre Anwendung bei Fertigungszellen**
Von Mohamed Osman. ISBN 3-540-11747-4.
1982, 124 Seiten mit 32 Abbildungen und 3 Tabellen. 53.– DM

62 **Ein Simulationsmodell zur Planung gruppentechnologischer Fertigungszellen**
Von Volker Saak. ISBN 3-540-11747-4.
1982, 134 Seiten mit 53 Abbildungen. 53.– DM

63 **Verfahren zur technischen Investitionsplanung automatisierter Fertigungsanlagen**
Von Günter Vettin. ISBN 3-540-11747-4.
1982, 134 Seiten mit 63 Abbildungen. 53.– DM

64 **Pneumatische Sensoren zur prozeßsimultanen Messung des Werkzeugverschleißes und zur Kollisionsvermeidung beim Messerkopffräsen**
Von Wolfgang Jentner. ISBN 3-540-11747-4.
1982, 126 Seiten mit 47 Abbildungen und 6 Tabellen. 53.– DM

65 **Rechnerunterstützte Gestaltung ortsgebundener Montagearbeitsplätze, dargestellt am Beispiel kleinvolumiger Produkte**
Von Eberhard Haller. ISBN 3-540-12015-7.
1982, 130 Seiten mit 43 Abbildungen. 53.– DM

66 **Fernsehüberwachung von Schutzgasschweißvorgängen mit abschmelzender Elektrode MIG – MAG**
Von Ruprecht Niepold. ISBN 3-540-12181-7.
1983, 178 Seiten mit 73 Abbildungen und 5 Tabellen. 58.– DM

67 **Entwicklung flexibler Ordnungssysteme für die Automatisierung der Werkstückhandhabung in der Klein- und Mittelserienfertigung**
Von Karl Weiss. ISBN 3-540-12455-1.
1983, 116 Seiten mit 68 Abbildungen. 58.– DM

68 **Automatisierte Überwachungsverfahren für Fertigungseinrichtungen mit speicherprogrammierten Steuerungen**
Von Werner Eißler. ISBN 3-540-12456-X.
1983, 128 Seiten mit 66 Abbildungen. 58.– DM

69 **Prozeßüberwachung beim Galvanoformen**
Von Jürgen Wilhelm Böcker. ISBN 3-540-12457-8.
1983, 118 Seiten mit 32 Abbildungen. 58.– DM

70 **LAPEX – Ein rechnerunterstütztes Verfahren zur Betriebsmittelzuordnung**
Von Stephan Mayer. ISBN 3-540-12490-X.
1983, 162 Seiten mit 34 Abbildungen und 2 Tabellen. 58.– DM

71 **Gestaltung eines integrierten Produktionssystems für die Sortenfertigung unter Einsatz der Clusteranalyse**
Von Gerald Weber. ISBN 3-540-12650-3.
1983, 194 Seiten mit 54 Abbildungen. 58.– DM

72 **Gußputzen mit sensorgeführten, programmierbaren Handhabungsgeräten**
Von Eberhard Abele. ISBN 3-540-12651-1.
1983, 133 Seiten mit 66 Abbildungen. 58,– DM

73 **Untersuchungen zur Herstellung und zum Einsatz galvanogeformter Erodierelektroden**
Von Harald Müller. ISBN 3-540-12822-0.
1983, 148 Seiten mit 78 Abbildungen. 58,– DM

74 **Ein Beitrag zur Optimierung der Prozeßführungsstrategien automatisierter Förder- und Materialflußsysteme**
Von Hans Steffens. ISBN 3-540-12968-5.
1983. 161 Seiten mit 60 Abbildungen. 58,– DM

75 **Entwicklung eines Verfahrens zur wertmäßigen Bestimmung der Produktivität und Wirtschaftlichkeit von Personalentwicklungsmaßnahmen in Arbeitsstrukturen**
Von Christian Müller. ISBN 3-540-13041-1.
1983. 129 Seiten mit 34 Abbildungen. 58,– DM

76 **Berechnung der Gestaltänderung von Profilen infolge Strahlverschleiß**
Von Wolfgang Marx. ISBN 3-540-13054-3.
1983. 121 Seiten mit 58 Abbildungen. 58,– DM

77 **Algorithmen zur flexiblen Gestaltung der kurzfristigen Fertigungssteuerung**
Von Rudolf E. Scheiber. ISBN 3-540-13500-6.
1984, 150 Seiten mit 73 Abbildungen und 1 Tabelle. 63.– DM

78 **Galvanisieren mit moduliertem Strom**
Von Jürgen Wolfgang Mann. ISBN 3-540-13733-5.
1984, 145 Seiten und 58 Abbildungen. 63,– DM

79 **Fluoreszenzmeßverfahren zur Schmierfilmdickenmessung in Wälzlagern**
Von Wolfgang Schmutz. ISBN 3-540-13777-7.
1984, 141 Seiten und 66 Abbildungen. 63,– DM

IPA-IAO Forschung und Praxis

Berichte aus dem Fraunhofer-Institut für Produktionstechnik und Automatisierung (IPA), Stuttgart, Fraunhofer-Institut für Arbeitswirtschaft und Organisation (IAO), Stuttgart, und Institut für Industrielle Fertigung und Fabrikbetrieb der Universität Stuttgart

Herausgeber: Prof. Dr.-Ing. Dr. h. c. mult. H.-J. Warnecke und Prof. Dr.-Ing. habil. Prof. E. h. Dr. h. c. H.-J. Bullinger

---

80 **Flexibilität und Kapazität von Werkstückspeichersystemen**
Von Bernhard Graf. ISBN 3-540-13970-2.
1984, 115 Seiten mit 71 Abbildungen. 63,– DM

T1 **Flexible Fertigungssysteme**
17. IPA-Arbeitstagung zusammen mit der 3. Internationalen Konferenz „Flexible Manufacturing Systems (FMS-3)“. ISBN 3-540-13807-2.
1984, 249 Seiten mit zahlreichen Abbildungen. 118,– DM

T2 **Integrierte Bürosysteme**
3. IAO-Arbeitstagung. ISBN 3-540-13978-8.
1984, 633 Seiten mit zahlreichen Abbildungen. 168,– DM

81 **Rechnerunterstützte Planung von Montageablaufstrukturen für Erzeugnisse der Serienfertigung**
Von Ernst-Dieter Ammer. ISBN 3-540-15056-0.
1985, 120 Seiten mit 1 Faltblatt und 33 Abbildungen. 63,– DM

82 **Flexibilität von personalintensiven Montagesystemen bei Serienfertigung**
Von Heinrich Vähning. ISBN 3-540-15093-5.
1985, 152 Seiten mit 49 Abbildungen. 63,– DM

83 **Ordnen von Werkstücken mit programmierbaren Handhabungsgeräten und Werkstückerkennungssensoren**
Von Ingo Schmidt. ISBN 3-540-15375-6.
1985, 111 Seiten mit 66 Abbildungen. 63,– DM

84 **Systematische Investitionsplanung**
Von Jorge Moser. ISBN 3-540-15370-5.
1985, 190 Seiten mit 69 Abbildungen. 63,– DM

T3 **Montage · Handhabung · Industrieroboter**
Internationaler MHI-Kongreß im Rahmen der Hannover-Messe '85. ISBN 3-540-15500-7.
1985, 267 Seiten mit zahlreichen Abbildungen. 128,– DM

85 **Flexible Montagesysteme – Konzeption und Feinplanung durch Kombination von Elementen**
Von Peter Konold / Bernd Weller. ISBN 3-540-15606-2.
1985, 162 Seiten mit 71 Abbildungen und 9 Tabellen. 63,– DM

T4 **Menschen · Arbeit · Neue Technologien**
4. IAO-Arbeitstagung zusammen mit der 2. Internationalen Konferenz „Human Factors in Manufacturing“. ISBN 3-540-15763-8.
1985, 442 Seiten mit zahlreichen Abbildungen. 168,– DM

86 **Leitstandunterstützte kurzfristige Fertigungssteuerung bei Einzel- und Kleinserienfertigung**
Von Lothar Aldinger. ISBN 3-540-15903-7.
1985, 151 Seiten mit 49 Abbildungen und 2 Tabellen. 63,– DM

87 **Bestimmen des Bürstenverhaltens anhand einer Einzelborste**
Von Klaus Przyklenk. ISBN 3-540-15956-8.
1985, 117 Seiten mit 74 Abbildungen. 63,– DM

88 **Montage großvolumiger Produkte mit Industrierobotern**
Von Jörg Walther. ISBN 3-540-16027-2.
1985, 125 Seiten mit 58 Abbildungen. 63,– DM

89 **Algorithmen und Verfahren zur Erstellung innerbetrieblicher Anordnungspläne**
Von Wilhelm Dangelmaier. ISBN 3-540-16144-9.
1986, 268 Seiten mit 79 Abbildungen. 68,– DM

90 **Bewertung der Instandhaltung von Fertigungssystemen in der technischen Investitionsplanung**
Von Hagen U. Uetz. ISBN 3-540-16166-X.
1986, 129 Seiten mit 38 Abbildungen. 68,– DM

91 **Entgraten durch Hochdruckwasserstrahlen**
Von Manfred Schlatter. ISBN 3-540-16172-4.
1986, 167 Seiten mit 89 Abbildungen und 18 Tabellen. 68,– DM

92 **Werkstückorientierte Verfahrensauswahl zum Gußputzen mit Industrierobotern**
Von Wolfgang Sturz. ISBN 3-540-16224-0.
1986, 156 Seiten mit 59 Abbildungen. 68,– DM

93 **Verfahren zur Verringerung von Modell-Mix-Verlusten in Fließmontagen**
Von Reinhard Koether. ISBN 3-540-16499-5.
1986, 175 Seiten mit 46 Abbildungen und 1 Tabelle. 68,– DM

94 **Entwicklung und Einsatz eines interaktiven Verfahrens zur Leistungsabstimmung von Montagesystemen**
Von Günter Schad. ISBN 3-540-16978-4.
1986, 120 Seiten mit 31 Abbildungen und 1 Tabelle. 68,– DM

95 **Qualifizierung an Industrierobotern**
Von Wolfgang Bachl. ISBN 3-540-17018-9.
1986, 218 Seiten mit 30 Abbildungen. 68,– DM

96 **Rechnersimulation des Beschichtungsprozesses beim Elektrotauchlackieren – Anwendung zum Berechnen des Umgriffs**
Von Otto Baumgärtner. ISBN 3-540-17102-9.
1986, 113 Seiten mit 42 Abbildungen. 68,– DM

97 **Ergonomische Gestaltung von Rotationsstellteilen für grob- und sensomotorische Tätigkeiten**
Von Werner F. Muntzinger. ISBN 3-540-17247-5.
1986, 135 Seiten mit 51 Abbildungen und 33 Tabellen. 68,– DM

98 **Die optische Rauheitsmessung in der Qualitätstechnik**
Von R.-J. Ahlers. ISBN 3-540-17242-4.
1986, 133 Seiten mit 56 Abbildungen und 2 Tabellen. 68,– DM

99 **Maschinelle Spracherkennung zur Verbesserung der Mensch-Maschine-Schnittstelle**
Von Gerhard Rigoll. ISBN 3-540-17350-1.
1986, 134 Seiten mit 55 Abbildungen. 68,– DM

100 **Konzeption und Auswahl modularer Magazinpaletten**
Von Thomas Zipse. ISBN 3-540-17584-9.
1987, 126 Seiten mit 54 Abbildungen. 68,– DM

101 **Anschlüsse an Kupferrohre – Herstellung und Automatisierungsmöglichkeit**
Von Eberhard Rauschnabel. ISBN 3-540-17807-4.
1987, 120 Seiten mit 88 Abbildungen. 68,– DM

102 **Mengen- und ablauforientierte Kapazitätsplanung von Montagesystemen**
Von Hans Sauer. ISBN 3-540-17815-5.
1987, 156 Seiten mit 64 Abbildungen. 68,– DM

103 **Verfahrensinstrumentarium zur Werkstückauswahl und Auslegung von Industrieroboterschweißsystemen**
Von Herbert Gzik. ISBN 3-540-17928-3.
1987, 138 Seiten mit 56 Abbildungen. 68,– DM

104 **Integration von Förder- und Handhabungseinrichtungen**
Von Joachim Schuler. ISBN 3-540-17955-0.
1987, 153 Seiten mit 61 Abbildungen. 68,– DM

105 **Produktionsmengen- und -terminplanung bei mehrstufiger Linienfertigung**
Von H. Kühnle. ISBN 3-540-18038-9.
1987, 124 Seiten mit 25 Abbildungen. 68,– DM

106 **Untersuchung des Plasmaschneidens zum Gußputzen mit Industrierobotern**
Von Jong-Oh Park. ISBN 3-540-18037-0.
1987, 142 Seiten mit 70 Abbildungen. 68,– DM

107 **Fügen von biegeschlaffen Steckkontakten mit Industrierobotern**
Von Daegab Gweon. ISBN 3-540-18134-2.
1987, 115 Seiten mit 13 Abbildungen. 68,– DM

108 **Entwicklung eines biomechanischen Modells des Hand-Arm-Systems**
Von Georgios Tsotsis. ISBN 3-540-18135-0.
1987, 163 Seiten mit 45 Abbildungen. 68,– DM

109 **Ein Beitrag zur Planungssystematik für die automatisierte flexible Blechteilefertigung**
Von Thomas Weber. ISBN 3-540-18136-9.
1987, 149 Seiten mit 56 Abbildungen. 68,– DM

110 **Entwicklung eines Meßverfahrens zur Bestimmung des Positionier- und Orientierungsverhaltens von Industrierobotern**
Von Günter Schiele. ISBN 3-540-18137-7.
1987, 116 Seiten mit 48 Abbildungen. 68,– DM

111 **Schwingungsbelastung beim Arbeiten mit handgeführten, einachsigen Motormähgeräten**
Von Peter Kern. ISBN 3-540-18193-8.
1987, 145 Seiten mit 43 Abbildungen und 5 Tabellen. 68,– DM

112 **Entwicklung eines berührungslosen Tastsystems für den Einsatz an Koordinatenmeßgeräten**
Von Hie-Sik Kim. ISBN 3-540-18578-X.
1987, 111 Seiten mit 62 Abbildungen und 4 Tabellen. 68,– DM

113 **Qualifizierung an Industrierobotern – Ziele, Inhalte und Methoden**
Von Volker Korndörfer. ISBN 3-540-18618-2.
1987, 318 Seiten mit 100 Abbildungen. 68,– DM

114 **Funktional und räumlich variables und modulares Laborgerätesystem**
Von Alfred Mack. ISBN 3-540-18786-3.
1988, 116 Seiten mit 39 Abbildungen. 73,– DM

115 **Produktrecycling im Maschinenbau**
Von Rolf Steinhilper. ISBN 3-540-18849-5.
1988, 167 Seiten mit 50 Abbildungen. 73,– DM

116 **Integration der montagegerechten Produktgestaltung in den Konstruktionsprozeß**
Von Rudolf Bäßler. ISBN 3-540-19058-9.
1988, 133 Seiten mit 49 Abbildungen. 73,– DM

117 **Ein Algorithmus zur kapazitätsorientierten Bildung von Losen**
Von Tilmann Greiner. ISBN 3-540-19300-6.
1988, 135 Seiten mit 37 Abbildungen. 73,– DM

118 **Kabelbaummontage mit Industrierobotern**
Von Gerd Schlaich. ISBN 3-540-19301-4.
1988, 131 Seiten mit 62 Abbildungen. 73,– DM

119 **Beitrag zur Verbesserung der Fertigungskostentransparenz bei Großserienfertigung mit Produktvielfalt**
Von Albrecht Köhler. ISBN 3-540-19393-6.
1988, 148 Seiten mit 72 Abbildungen. 73,– DM

120 **Entwicklungs- und Planungshilfen zum Aufbau von flexiblen Ordnungssystemen**
Von Rainer Schanz. ISBN 3-540-19394-4.
1988, 104 Seiten mit 48 Abbildungen. 73,– DM

121 **Bestücken von Leiterplatten mit Industrierobotern**
Von Ernst Wolf. ISBN 3-540-50013-8.
1988, 132 Seiten mit 63 Abbildungen. 73,– DM

122 **Verschleißvorgänge beim Querschneiden dünner Bahnen**
Von Thomas Hülsmann. ISBN 3-540-50049-9.
1988, 126 Seiten mit 47 Abbildungen und 5 Tabellen. 73,– DM

123 **Geometrieprüfung in der Fertigungsmeßtechnik mit bildverarbeitenden Systemen**
Von Claus P. Keferstein. ISBN 3-540-50050-2.
1988, 128 Seiten mit 53 Abbildungen. 73,– DM

124 **Modulares Simulationsmodell für die Abläufe in verketteten Fertigungszellen mit Industrierobotern**
Von Kum-Hoan Kuk. ISBN 3-540-50069-3.
1988, 130 Seiten mit 57 Abbildungen. 73,– DM

125 **Montage von Schläuchen mit Industrierobotern**
Von Bruno Frankenhauser. ISBN 3-540-50072-3.
1988, 139 Seiten mit 63 Abbildungen. 73,– DM

126 **Kommissioniersystem mit Roboter und Mehrstückgreifer**
Von Klaus Baumeister. ISBN 3-540-50133-9.
1988, 104 Seiten mit 53 Abbildungen. 73,– DM

127 **Sensorunterstütztes Programmierverfahren für das Entgraten mit Industrierobotern**
Von Dieter Boley. ISBN 3-540-50175-4.
1988, 128 Seiten mit 67 Abbildungen. 73,– DM

128 **Die Arbeitsraumgestaltung manueller Montagearbeitsplätze mit graphischen und wissensbasierten Methoden**
Von Klaus Lay. ISBN 3-540-50259-9.
1988, 129 Seiten mit 50 Abbildungen und 7 Tabellen. 73,– DM

129 **Automatisierung des Biegerichtens**
Von Stefan Thiel. ISBN 3-540-50432-X.
1988, 142 Seiten mit 57 Abbildungen und 5 Tabellen. 73,– DM

130 **Rechnergestützte Verfahren zur Auslegung der Mechanik von Industrierobotern**
Von Martin-Christoph Wanner. ISBN 3-540-50640-3.
1989, 202 Seiten mit 80 Abbildungen. 73,– DM

131 **Entwicklung eines bestandsorientierten Fertigungssteuerungssystems für die Großserienfertigung am Beispiel des Automobilbaus**
Von G. Hachtel. ISBN 3-540-50639-X.
1989, 163 Seiten mit 34 Abbildungen und 6 Tabellen. 73,– DM

132 **Ergonomische Gestaltung der Benutzerschnittstelle am Antriebssystem des Greifreifenrollstuhls**
Von Ludwig Traut. ISBN 3-540-50877-5.
1989, 210 Seiten mit 127 Abbildungen. 73,– DM

133 **Planung taktzeitoptimierter flexibler Montagestationen**
Von Joachim Schöninger. ISBN 3-540-50896-1.
1989, 122 Seiten mit 47 Abbildungen. 73,– DM

134 **Ein Modell für ein integriertes Qualitäts- und Prüfplanungssystem in der Montage**
Von Josef R. Kring. ISBN 3-540-51195-4.
1989, 140 Seiten mit 60 Abbildungen. 73,– DM

135 **Fertigungsstrukturierung auf der Basis von Teilefamilien**
Von Manfred Auch. ISBN 3-540-51290-X.
1989, 138 Seiten mit 34 Abbildungen. 73,– DM

136 **Kollisionsbehandlung als Grundbaustein eines modularen Industrieroboter-Off-line-Programmiersystems**
Von Andreas Altenhein. ISBN 3-540-51418-X.
1989, 129 Seiten mit 53 Abbildungen. 73,– DM

137 **Ein Beitrag zur Planung und Bewertung Neuer Arbeitsstrukturen in NE-Metallgießereien Dargestellt am Beispiel der Fertigungsinsel**
Von Horst Nespeta. ISBN 3-540-51419-8.
1989, 157 Seiten mit 58 Abbildungen. 73,– DM

138 **Verfahren zur Prüfung der Partikelkontamination in Versorgungssystemen für hochreine Flüssigkeiten**
Von Rolf Herz. ISBN 3-540-51457-0.
1989, 123 Seiten mit 61 Abbildungen. 73,– DM

139 **Messung gekrümmter Flächen mit berührungslosen Verfahren**
Von Leo Schreiber. ISBN 3-540-51493-7.
1989, 119 Seiten mit 72 Abbildungen. 73,– DM

140 **Automatisiertes Lackieren mit steuerbaren Spritzpistolen**
Von Konrad A. Ortlieb. ISBN 3-540-51518-6.
1989, 121 Seiten mit 45 Abbildungen. 73,– DM

141 **Grundlagen zur Entwicklung reinraumtauglicher Handhabungssysteme**
Von Jürgen Geißinger. ISBN 3-540-51959-9.
1989, 124 Seiten mit 82 Abbildungen. 73,– DM

142 **CAD-Video-Somatographie**
Entwicklung und Bewertung einer Methode zur anthropometrischen Arbeitsgestaltung
Von Dieter Lorenz. ISBN 3-540-52163-1.
1989, 169 Seiten mit 61 Abbildungen. 73,– DM

143 **Eine Systemarchitektur für die Gestaltung und das Management verteilter Informationssysteme**
Von Andreas J. Ness. ISBN 3-540-52224-7.
1990, 203 Seiten mit 62 Abbildungen. 78,– DM

144 **Untersuchungen über den optisch-physiologischen Eindruck der Oberflächenstruktur von Lackfilmen**
Von Horst Schene. ISBN 3-540-52226-3.
1990, 149 Seiten mit 106 Abbildungen. 78,– DM

145 **Planungsmethodik für ein Qualitätskostensystem**
Von Alfred Rauba. ISBN 3-540-52477-0.
1990, 166 Seiten mit 73 Abbildungen. 78,– DM

146 **Kleinserienbestückung von Leiterplatten mit bedrahteten Bauelementen durch Industrieroboter**
Von Martin Domm. ISBN 3-540-52867-9.
1990, 106 Seiten mit 48 Abbildungen. 78,– DM

147 **Sensor- und Steuerungssystem für die leitlinienlose Führung automatischer Flurförderzeuge**
Von Gerhard Drunk. ISBN 3-540-53033-9.
1990, 135 Seiten mit 52 Abbildungen. 78,– DM

148 **Ein System zur wissensbasierten Diagnose an CNC-Werkzeugmaschinen durch den Maschinenbediener**
Von Klaus-Peter Fähnrich. ISBN 3-540-53034-7.
1990, 132 Seiten mit 48 Abbildungen und 18 Tabellen. 78,– DM

149 **Werkstückbegleitender Informationsspeicher als Basis für ein informationstechnisches Konzept für Halbleiterfertigungen**
Von Klaus-Dieter Sauter. ISBN 3-540-53236-6.
1990, 115 Seiten mit 55 Abbildungen. 78,– DM

150 **Ein Planungsverfahren zur Erkennung und Bewältigung von Material- und Kapazitätsengpässen bei mehrstufiger Linienfertigung**
Von Ralf-Michael Fuchs. ISBN 3-540-53271-4.
1990, 176 Seiten mit 65 Abbildungen. 78,– DM

151 **Montage von Schrauben mit Industrierobotern**
Von Gernot E. Fischer. ISBN 3-540-53519-5.
1990, 97 Seiten mit 37 Abbildungen. 78,– DM

152 **Flächenorientierte Termin- und Kapazitätsplanung bei innerbetrieblicher Baustellenfertigung**
Von Rolf Schlauch. ISBN 3-540-53584-5.
1990, 130 Seiten mit 53 Abbildungen. 78,– DM

153 **Wissensbasierte Entscheidungsunterstützung bei der Auswahl von Industrierobotern**
Von Günter Jordan. ISBN 3-540-53744-9.
1991, 116 Seiten mit 49 Abbildungen. 78,– DM

154 **Simulationssystem für Fertigungsprozesse mit Stückgutcharakter**
Ein gegenstandsorientiertes System mit parametrisierter Netzwerkmodellierung
Von Bernd-Dietmar Becker. ISBN 3-540-53847-X.
1991, 162 Seiten mit 48 Abbildungen und 47 Tabellen. 78,– DM

155 **Algorithmen der Sprachverarbeitung zur Entwicklung eines vollsynthetischen Sprachausgabesystems**
Von Gerhard Rigoll. ISBN 3-540-53870-4.
1991, 321 Seiten mit 235 Abbildungen. 78,– DM

156 **Wissensbasierte CAD-Systemkomponente zum Entwurf montagegerechter Produkte**
Von Ralph Richter. ISBN 3-540-54725-8.
1991, 137 Seiten mit 56 Abbildungen. 78,– DM

157 **Heftschweißverfahren für das Lagefixieren von Werkstücken beim Schutzgasschweißen mit Industrierobotern**
Von Carsten Martin Claussen. ISBN 3-540-54951-X.
1991, 140 Seiten mit 43 Abbildungen. 78,– DM

158 **Ein Beitrag zur Meßdatenverarbeitung in der Koordinatenmeßtechnik**
Von Thomas Garbrecht. ISBN 3-540-55030-5.
1991, 135 Seiten mit 94 Abbildungen und 5 Tabellen. 78,– DM

159 **Ein Beitrag zur Planung und Optimierung der Verfahrensteilung in der Fertigung**
Von Hans - Peter Roth. ISBN 3-540-55113-1.
1992, 130 Seiten mit 50 Abbildungen. 78,– DM

160 **Flexible Montage von Leitungssätzen mit Industrierobotern**
Von Herbert H. Emmerich ISBN 3-540-55227-8.
1992, 135 Seiten mit 70 Abbildungen. 88,– DM

161 **Toleranzausgleichssysteme für Industrieroboter am Beispiel des feinwerktechnischen Bolzen-Loch-Problems**
Von Uwe Schweigert ISBN 3-540-55228-6.
1992, 119 Seiten mit 61 Abbildungen. 88,– DM

162 **Entwicklung eines interaktiven Simulators auf der Basis von Petri-Netzen zur Modellierung und Bewertung hybrider Montagestrukturen**
Von W. Schweizer ISBN 3-540-55229-4.
1992, 159 Seiten mit 76 Abbildungen. 88,– DM

163 **Entwicklung eines Verfahrens zur rechnerunterstützten Gestaltung verteilter Informationssysteme**
Von Friedemann Reim ISBN 3-540-55269-3.
1992, 151 Seiten mit 43 Abbildungen. 88,– DM

164 **EDV-gestützte Planungs- und Entscheidungshilfen zur Auslegung von Produktionsstrukturen mit strukturkostenoptimierten Dezentralen Verantwortungsbereichen**
Von Ulrich Hallwachs ISBN 3-540-55477-7.
1992, 186 Seiten mit 66 Abbildungen. 88,– DM

165 **Strömungstechnische Auslegung reinraumtauglicher Fertigungseinrichtungen**
Von Elmar Degenhart ISBN 3-540-55478-5.
1992, 137 Seiten mit 72 Abbildungen. 88,– DM

166 **Synthese und Simulation dreidimensionaler Hand-Arm-Bewegungen an manuellen Montagearbeitsplätzen**
Von Raimund Menges ISBN 3-540-55752-0.
1992, 215 Seiten mit 70 Abbildungen. 88,– DM

167 **Bewertung inhomogener fraktaler Strukturen und Skalenanalyse von Texturen**
Von Uwe Müssigmann ISBN 3-540-55796-2.
1992, 99 Seiten mit 43 Abbildungen. 88,– DM

168 **Ein Informationssystem für Instandhaltungsleitstellen**
Von Wilfried Sihn ISBN 3-540-55853-5.
1992, 167 Seiten mit 67 Abbildungen. 88,– DM

169 **Verfahren zum automatischen Palettieren von quaderförmigen Packstücken im beliebigen Sortenmix**
Von Walter Michael Strommer ISBN 3-540-55922-1.
1992, 105 Seiten mit 47 Abbildungen. 88,– DM

170 **Planung der Kinematik von Industrierobotersystemen zum Schutzgasschweißen im Schiffbau**
Von Wolfgang Utner ISBN 3-540-55923-X.
1992, 134 Seiten mit 01 Abbildungen und 3 Tabellen. 88,– DM

171 **Montage von Pressverbindungen mit Industrierobotern**
Von Günther Würtz ISBN 3-540-56300-8.
1992, 124 Seiten mit 55 Abbildungen. 88,– DM

172 **Rationalisierungspotential der montagegerechten Produktgestaltung bei der Montage mit Industrierobotern**
Von Thomas Schmaus ISBN 3-540-56400-4.
1992, 122 Seiten mit 55 Abbildungen. 88,– DM

173 **Erhöhung der Variantenflexibilität in Mehrmodell-Montagesystemen durch ein Verfahren zur Leistungsabstimmung**
Von Felix Fremerey ISBN 3-540-56549-3.
1993, 150 Seiten mit 38 Abbildungen und 6 Tabellen. 88,– DM

174 **Automatische Montage von O-Ringen**
Von Johannes F. Wößner ISBN 3-540-56657-0.
1993, 94 Seiten mit 43 Abbildungen. 88,– DM

175 **Systeme kombinierter multimodaler Mensch-Rechner-Interaktionen**
Von Karl-Heinz Hanne ISBN 3-540-56687-2.
1993, 131 Seiten mit 46 Abbildungen. 88,– DM

176 **Regelbasiertes Verfahren zur Montageablaufplanung in der Serienfertigung**
Von Klaus Thaler ISBN 3-540-56829-8.
1993, 132 Seiten mit 63 Abbildungen. 88,– DM

177 **Rechnergestütztes Bediensystem für einen Telemanipulator zur Sanierung von gemauerten Abwasserkanälen**
Von Kurt Alexander Schließmann ISBN 3-540-56875-1.
1993, 135 Seiten mit 57 Abbildungen und 7 Tabellen. 88,– DM

178 **Konturantastende und optoelektronische Koordinatenmeßgeräte für den industriellen Einsatz**
Von Wolfgang Rauh ISBN 3-540-56876-X.
1993, 124 Seiten mit 43 Abbildungen. 88,– DM

179 **Konzeption für ein Sensor- und Steuerungssystem zur automatischen Führung eines Walzenschrämladers entlang der Grenzlinie von Kohle und Nebengestein**
Von Stephan Matthias Forster ISBN 3-540-57159-0.
1993, 147 Seiten mit 63 Abbildungen. 88,– DM

180 **Ein dreidimensionales Bildverarbeitungssystem für die Automatisierung visueller Prüfvorgänge**
Von Jianzhong Lu ISBN 3-540-57160-4.
1993, 113 Seiten mit 45 Abbildungen und 2 Tabellen. 88,– DM

181 **Erschließung technischer und organisatorischer Potentiale durch die Komplettbearbeitung auf Drehmaschinen mit Hilfe der Teileanalyse**
Von Helmut Schaal ISBN 3-540-57212-0.
1993, 126 Seiten mit 42 Abbildungen und 2 Tabellen. 88,– DM

182 **Prüfverfahren zur Untersuchung der Partikelreinheit technischer Oberflächen**
Von Bernhard Klumpp ISBN 3-540-57302-X.
1993, 108 Seiten mit 50 Abbildungen. 88,– DM

183 **Automatisierung der Justage von Drehankerrelais**
Von G. Krüll ISBN 3-540-57303-8.
1993, 113 Seiten mit 59 Abbildungen. 88,– DM

184 **Prozeßstrukturen der chemischen Vernickelung**
Von Hans Gut ISBN 3-540-57304-6.
1993, 108 Seiten mit 37 Abbildungen und 5 Tabellen. 88,– DM

185 **Ein Verfahren zur Konstruktion anwendungoptimierter Ultraschallsensoren auf der Basis von Schallkanälen**
Von Achim Langen ISBN 3-540-57376-3.
1993, 140 Seiten mit 72 Abbildungen. 88,– DM

186 **Ein rechnerunterstütztes System für die technische Dokumentation und Übersetzung**
Von Renate Mayer ISBN 3-540-57409-3.
1993, 126 Seiten mit 59 Abbildungen. 88,– DM

187 **Theoretische und experimentelle Untersuchungen an dreidimensionalen Wirbelströmungen für industrielle Absauganlagen**
Von Wolf-Jürgen Denner ISBN 3-540-57410-7.
1993, 141 Seiten mit 78 Abbildungen und 10 Tabellen. 88,– DM

188 **Planungsmethodik für den Aufbau von Qualitätssicherungssystemen in kleinen und mittleren Produktionsunternehmen**
Von Rainer Hummel ISBN 3-540-57727-0.
1993, 221 Seiten mit 114 Abbildungen und 6 Tabellen. 88,– DM

189 **Plasmamodifikation von Kunststoffoberflächen zur Haftfestigkeitssteigerung von Metallschichten**
Von Dieter Andreas Mann ISBN 3-540-57745-9.
1994, 133 Seiten mit 83 Abbildungen und 6 Tabellen. 88,– DM

190 **Softwareentwicklung für speicherprogrammierbare Steuerungen im integrierten, rechnergestützten Konstruktionsprozeß**
Von Kornelius Hengel ISBN 3-540-57765-3.
1994, 133 Seiten mit 48 Abbildungen. 88,– DM

191 **Vorrichtungssysteme für die flexibel automatisierte Montage**
Von Armin Willy ISBN 3-540-57784-X.
1994, 121 Seiten mit 60 Abbildungen. 88,– DM

192 **Wissensbasiertes Selbstheilungs- und Diagnosesystem für CNC-Koordinatenmeßgeräte**
Von Wilhelm Steger ISBN 3-540-57829-3.
1994, 147 Seiten mit 79 Abbildungen. 88,– DM

193 **Modell für ein rechnerunterstütztes Qualitätssicherungssystem gemäß DIN ISO 9000 ff.**
Von Ulrich Lübbe ISBN 3-540-57831-5.
1994, 152 Seiten mit 59 Abbildungen. 88,– DM

194 **Vorgehenssystematik zum Prototyping graphisch-interaktiver Audio/Video-Schnittstellen**
Von Claus Görner ISBN 3-540-57886-2.
1994, 181 Seiten mit 66 Abbildungen. 88,– DM

195 **Bewertung von Rechnerinvestitionen durch den Vergleich von Wertschöpfungsketten**
Von Christian F. Mayer ISBN 3-540-57969-9.
1994, 144 Seiten mit 45 Abbildungen und 24 Tabellen. 88,– DM

196 **Ein Verfahren zur kostenorientierten Produktionsprogramm- und Kapazitätsplanung bei losweiser Montage**
Von J. Kurz ISBN 3-540-57971-0.
1994, 124 Seiten mit 26 Abbildungen und 3 Tabellen. 88,– DM

197 **Direktmontage von Leitungen mit Industrierobotern**
Von Stefan Koller ISBN 3-540-58224-X.
1994, 105 Seiten mit 52 Abbildungen. 88,– DM

198 **Eine objektorientierte Architektur für Leitstände zur Feinplanung**
Von Thomas Otterbein ISBN 3-540-58273-8.
1994, 183 Seiten mit 90 Abbildungen. 88,– DM

199 **Erhöhung der Fertigungssicherheit und -qualität beim Hochdruckwasserstrahlen durch den Einsatz von Sensoren**
Von Michael Knaupp ISBN 3-540-58440-4.
1994, 117 Seiten mit 101 Abbildungen. 88,– DM

200 **Verfahren zur Bewertung von Auftrags-Durchlaufzeiten in den indirekt-produktiven Bereichen von Maschinenbau-Unternehmen**
Von Robert Müller ISBN 3-540-58478-1.
1994, 152 Seiten mit 32 Abbildungen. 88,– DM

201 **Verfahrensprüfstand für das Bearbeiten mit Industrierobotern**
Von Peter Schlaich ISBN 3-540-58510-9.
1994, 114 Seiten mit 60 Abbildungen. 88,– DM

202 **Entwicklung und Optimierung von Prozeßkomponenten zur ionenunterstützten Abscheidung bei PVD-Verfahren**
Von Walter Olbrich ISBN 3-540-58511-7.
1994, 126 Seiten mit 62 Abbildungen und 7 Tabellen. 88,– DM

203 **Verfahren der Konturanalyse zur Automatisierung visueller Prüfvorgänge**
Von Knut Kille ISBN 3-540-58513-3.
1994, 105 Seiten mit 50 Abbildungen und 15 Tabellen. 88,– DM

204 **Verfahren zur Verbesserung der Ausfallsicherheit verteilter Informationssysteme**
Von Helmut Meitner ISBN 3-540-58623-7.
1995, 196 Seiten mit 54 Abbildungen und 13 Tabellen. 88,– DM

205 **Ein unscharfes Planungsverfahren zur mittelfristigen Personalkapazitätsanpassung für die bedarfsorientierte Serienproduktion**
Von Hans-Jürgen Braun ISBN 3-540-58819-1.
1995, 164 Seiten mit 40 Abbildungen und 10 Tabellen. 88,– DM

206 **Rechnergestützte Auslegungsverfahren für Großmanipulatoren mit Gelenkarmkinematik**
Von Werner Engeln ISBN 3-540-58871-X.
1995, 135 Seiten mit 52 Abbildungen und 18 Tabellen. 88,– DM

207 **Montagestrukturplanung für variantenreiche Serienprodukte**
Von Ulrich Zeile ISBN 3-540-58937-6.
1995, 122 Seiten mit 65 Abbildungen. 88,– DM

208 **Entwicklung eines objektorientierten Informationssystems zur optimierten Werkstoffauswahl**
Von Dietmar R. Fischer ISBN 3-540-58938-4.
1995, 193 Seiten mit 37 Abbildungen und 14 Tabellen. 88,– DM

209 **Entwicklung einer flexibel automatisierten Nähanlage**
Von Oliver Krockenberger ISBN 3-540-58939-2.
1995, 122 Seiten mit 75 Abbildungen. 88,– DM

210 **Ultraschallbahnschweißen von Kunststoffteilen mit Industrierobotern**
Von Thomas Wagner ISBN 3-540-58940-6.
1995, 93 Seiten mit 37 Abbildungen. 88,– DM

211 **Flexibel automatisierte Montage hochpoliger Rundkabel**
Von Ralf Cramer ISBN 3-540-58979-1.
1995, 116 Seiten mit 59 Abbildungen. 88,– DM

212 **Automatische Reparatur elektronischer Baugruppen**
Von Thomas Leicht ISBN 3-540-59015-3.
1995, 99 Seiten mit 46 Abbildungen. 88,– DM

213 **Montage von Schlauchschellen mit Industrierobotern**
Von Herbert Dreher ISBN 3-540-59035-8.
1995, 103 Seiten mit 63 Abbildungen. 88,– DM

214 **Arbeitsprogrammgenerierung zum Schutzgasschweißen mit Industrierobotersystemen im Schiffbau**
Von Peter Schmid ISBN 3-540-59058-7.
1995, 131 Seiten mit 42 Abbildungen. 88,– DM

215 **Flexible Demontage mit dem Industrieroboter am Beispiel von Fernsprech-Endgeräten**
Von Martin Kahmeyer ISBN 3-540-59390-X.
1995, 99 Seiten mit 52 Abbildungen. 88,– DM

216 **Der logisch-pragmatische Gebrauch von Konditionalsätzen. Eine dialog-logische Analyse**
Von Antonius Jacobus Maria van Hoof ISBN 3-540-59463-9.
1995, 146 Seiten mit 65 Abbildungen. 88,– DM

217 **Arbeits- und organisationspsychologische Interventionen bei der Einführung von Gruppenarbeit in dezentral ausgerichteten Fertigungsinseln**
Von Manfred Schlund ISBN 3-540-60012-4.
1995, 426 Seiten mit 24 Abbildungen und 29 Tabellen. 88,– DM

218 **Herstellung geformter Schläuche mit Formdornen aus Formgedächtnislegierung**
Von Thomas Weisener ISBN 3-540-60019-1.
1995, 88 Seiten mit 48 Abbildungen. 88,– DM

219 **Benutzerwerkzeuge an Fertigungssteuerungs-Leitständen**
Von Manfred Kroneberg ISBN 3-540-60096-5.
1995, 154 Seiten mit 84 Abbildungen. 88,– DM

220 **Werkstattsteuerung mit genetischen Algorithmen und simulativer Bewertung**
Von Jörg Schulte ISBN 3-540-60281-X.
1995, 163 Seiten mit 55 Abbildungen und 7 Tabellen. 88,– DM

221 **Ein Verfahren zur automatischen Generierung von softwareergonomisch gestalteten Benutzungsoberflächen**
Von Anette Weisbecker ISBN 3-540-60242-9.
1995, 140 Seiten mit 38 Abbildungen und 48 Tabellen. 88,– DM

222 **Verfahren zur Reduzierung der Hand-Arm-Schwingungsbelastung an Trennschleifern**
Von Rainer Eckert ISBN 3-540-60282-8.
1995, 187 Seiten mit 80 Abbildungen und 23 Tabellen. 88,– DM

223 **Individualisierbare heuristische Einplanung für rechnerbasierte Leitstände**
Von Andreas Huthmann ISBN 3-540-60424-3.
1995, 137 Seiten mit 74 Abbildungen. 88,– DM

224 **Recycling von Wasserlackoverspray durch Elektrophorese**
Von Klaus Berewinkel ISBN 3-540-60519-3.
1996, 177 Seiten mit 75 Abbildungen. 88,– DM

225 **Wissensbasierte Programmierung von Industrierobotern zum Schutzgasschweißen im Stahlhochbau**
Von Christoph Hartfuss ISBN 3-540-60661-0.
1996, 123 Seiten mit 48 Abbildungen. 88,– DM

226 **Verfahren zur Gestaltung rechnergestützter Büroprozesse**
Von Michael Rathgeb ISBN 3-540-60660-2.
1996, 278 Seiten mit 69 Abbildungen. 88,– DM

227 **Dialogentwicklung für objektorientierte, graphische Benutzungsschnittstellen**
Von Christian Janssen ISBN 3-540-60719-6.
1996, 154 Seiten mit 70 Abbildungen und 4 Tabellen. 88,– DM

228 **Bewertung und Verbesserung der fertigungsgerechten Gestaltung von Blechwerkstücken**
Von Ulrich Abele ISBN 3-540-61019-7.
1996, 184 Seiten mit 72 Abbildungen. 88,– DM

229 **Merkmalsbasierte Definition von Freiformgeometrien auf der Basis räumlicher Punktwolken**
Von Sabine Roth-Koch ISBN 3-540-61020-0.
1996, 145 Seiten mit 68 Abbildungen. 88,– DM

230 **Fokussierung im Dialog: Aspekte der Fokusintonation im Deutschen**
Von Joachim Machate ISBN 3-540-61165-7.
1996, 155 Seiten mit 22 Abbildungen und 22 Tabellen. 88,– DM

231 **Qualitätsgerechte Auslegung flexibler Produktionssysteme mit Hilfe von Simulation**
Von Egbert Englert ISBN 3-540-61277-7.
1996, 126 Seiten mit 60 Abbildungen. 88,– DM

232 **Projektierungsverfahren für technische Software dargestellt an wissensbasierten Systemen**
Von Eberhard Kurz ISBN 3-540-61426-5.
1996, 129 Seiten mit 57 Abbildungen. 88,– DM

233 **Typologie zur systematischen Gestaltung der Arbeitsorganisation für Flexible Fertigungssysteme**
Von Sabine Stephan ISBN 3-540-61465-6.
1996, 186 Seiten mit 39 Abbildungen und 63 Tabellen. 88,– DM

234 **Entwicklung eines Werkzeuges zum Störungsmanagement in der Produktionsregelung**
Von Rainer Bamberger ISBN 3-540-61515-6.
1996, 157 Seiten mit 92 Abbildungen. 88,– DM

235 **Ein Verfahren zur automatischen Generierung von Steuerprogrammen für Roboterfahrzeuge**
Von Joachim Müllerschön ISBN 3-540-61514-8.
1996, 140 Seiten mit 79 Abbildungen. 88,– DM

236 **Automatische Kalibrierung der koppelnden Ortung mobiler Plattformen**
Von Achim Merklinger ISBN 3-540-61632-2.
1996, 106 Seiten mit 36 Abbildungen und 25 Tabellen. 88,– DM

237 **Händigkeitsgerechte Gestaltung der Mensch-Maschine-Schnittstelle**
Von Martin Schmauder ISBN 3-540-61657-8.
1996, 141 Seiten mit 44 Abbildungen und 9 Tabellen. 88,– DM

238 **Ein simulationsgestütztes Verfahren zur Wirtschaftlichkeitsbestimmung von Fertigungsprozessen mit Stückgutcharakter**
Von Erhard Vollmer ISBN 3-540-62408-2.
1996, 111 Seiten mit 10 Abbildungen und 22 Tabellen. 88,– DM

239 **Ein Verfahren zur reportbasierten Diagnose von technischen Maschinenstörungen in der Instandhaltung**
Von Walter Wincheringer ISBN 3-540-62410-4.
1996, 169 Seiten mit 61 Abbildungen. 88,– DM

240 **Eine Vorgehensweise zum objektorientierten Entwurf graphisch-interaktiver Informationssysteme**
Von Jürgen Ziegler ISBN 3-540-62547-X.
1997, 146 Seiten mit 36 Abbildungen und 20 Tabellen. 88,– DM

241 **Zur Fehlerkompensation und Bahnkorrektur für eine mobile Großmanipulator-Anwendung**
Von Klaus Dieter Rupp ISBN 3-540-62625-5.
1997, 140 Seiten mit 48 Abbildungen und 17 Tabellen. 88,– DM

242 **Entwicklung eines QFD-gestützten Verfahrens zur Produktplanung und -entwicklung für kleine und mittlere Unternehmen**
Von Jürgen Hoffmann ISBN 3-540-62638-7.
1997, 158 Seiten mit 89 Abbildungen. 88,– DM

243 **Ein Verfahren zur flexiblen Fertigungsführung eines Fertigungssystems für Kleinserien mit unterschiedlich autonomen Arbeitsstationen**
Von Rainer Kämpf ISBN 3-540-62653-0.
1997, 174 Seiten mit 68 Abbildungen. 88,– DM

244 **Flexibel automatisiertes Taumelnieten**
Von Wolf-Dietrich Schneider ISBN 3-540-62654-9.
1997, 88 Seiten mit 43 Abbildungen. 88,– DM

245 **Verfahren zur Erkennung unfallträchtiger Verkantungsfälle bei handgeführten Trennschleifern**
Von Christoph Bolay ISBN 3-540-62767-7.
1997, 170 Seiten mit 71 Abbildungen. 88,– DM

246 **Rechnergestütztes Sourcingsystem für spanende Fertigungskapazitäten klein- und mittelständischer Unternehmen**
Von Jürgen Funk ISBN 3-540-62815-0.
1997, 106 Seiten mit 63 Abbildungen. 88,– DM

247 **Bahnlöten von Blechgehäusen mit Industrierobotern**
Von Manfred Gaul ISBN 3-540-63064-3.
1997, 114 Seiten mit 52 Abbildungen. 88,– DM

248 **Ein Verfahren zur Optimierung der Kraftwerksrevisionsplanung und -durchführung**
Von Siegfried Stender ISBN 3-540-63168-2.
1997, 160 Seiten mit 36 Abbildungen. 88,– DM

249 **Ein Verfahren zur Analyse von Problemen der Ressourcenabstimmung auf Basis synergetischer Mustererkennung**
Von Stefan König ISBN 3-540-63226-3.
1997, 136 Seiten mit 43 Abbildungen. 88,– DM

250 **Ein objektorientiertes Modell zur Abbildung von Produktionsverbünden in Planungssystemen**
Von Hans-Peter Laubscher ISBN 3-540-63295-6.
1997, 158 Seiten mit 98 Abbildungen. 88,– DM

251 **Regelmechanismen für die Formsicherung im Automobilbau**
Von Franz Eberle ISBN 3-540-63325-1.
1997, 122 Seiten mit 53 Abbildungen und 22 Tabellen. 88,– DM

252 **Entwicklung von Datenmodellen für ein objektorientiertes Engineering Data Management System zur Unterstützung von teamorientierten Organisationsformen**
Von Frank Marcial ISBN 3-540-63340-5.
1997, 216 Seiten mit 76 Abbildungen und 26 Tabellen. 88,– DM

253 **Verfahren zur Konzeption automatischer reinraumtauglicher Fertigungsanlagen und -zellen**
Von Ralf Kaun ISBN 3-540-63447-9.
1997, 160 Seiten mit 88 Abbildungen. 88,– DM

254 **Ein Planungsverfahren zur Kapazitätsabstimmung für Modell-Mix-Montagelinien am Beispiel einer Automobil-Endmontage**
Von Norbert Leopold ISBN 3-540-63520-3.
1997, 130 Seiten mit 35 Abbildungen. 88,– DM

255 **Fertigung von Mischlosen in der Mikroelektronik auf der Basis eines Verfahrens zur Verfolgung von Einzelscheiben**
Von Olaf Herzog ISBN 3-540-63563-7.
1997, 124 Seiten mit 59 Abbildungen. 88,– DM

256 **Einsatz neuer Mensch-Maschine-Schnittstellen für Robotersimulation und -programmierung**
Von Jens-Günter Neugebauer ISBN 3-540-63568-8.
1997, 110 Seiten mit 48 Abbildungen. 88,– DM

257 **Entwicklung eines Systems zur virtuellen ergonomischen Arbeitsgestaltung**
Von Wilhelm H. Bauer ISBN 3-540-63707-9.
1997, 160 Seiten mit 77 Abbildungen und 13 Tabellen. 88,– DM

258 **Controlling eines projektorientierten Prozeßmanagements am Beispiel des Anlagenbaus**
Von Thomas Jörg Staiger ISBN 3-540-64082-7.
1998, 214 Seiten mit 106 Abbildungen und 11 Tabellen. 88,– DM

259 **Flexible Formprüfung umgeformter Blechteile**
Von Berend Oberdorfer ISBN 3-540-64121-1.
1998, 148 Seiten mit 69 Abbildungen. 88,– DM

260 **Effiziente Produktplanung mit Quality Function Deployment**
Von Christoph Mai ISBN 3-540-64145-9.
1998, 124 Seiten mit 57 Abbildungen. 88,– DM

261 **Einsatz der digitalen Grautonbildverarbeitung als ein Meßprinzip in der Lackiertechnik**
Von Sabine Renate Plischki ISBN 3-540-64270-6.
1998, 136 Seiten mit 67 Abbildungen und 9 Tabellen. 88,– DM

262 **Dynamische Zielfindung für das Total Quality Management**
Von Andreas Robeck ISBN 3-540-64271-4.
1998, 132 Seiten mit 61 Abbildungen. 88,– DM

263 **Methoden zur Planung zeit- und kostenoptimaler Produktion und Lagerhaltung**
Anwendung der Theorie optimaler Prozesse
Von Joachim Warschat ISBN 3-540-64272-2.
1998, 252 Seiten mit 61 Abbildungen. 88,– DM

264 **3D-Echtzeit-Rendering unter Berücksichtigung der Anatomie und Physiologie des menschlichen Auges**
Von Oliver H. Riedel ISBN 3-540-64273-0.
1998, 192 Seiten mit 54 Abbildungen und 26 Tabellen. 88,– DM

265 **Optische in situ Meßtechniken bei der Entwicklung und Anwendung von plasmaunterstützten Oberflächentechniken für räumlich ausgedehnte und komplexe Geometrien**
Von Peter Stratil ISBN 3-540-64400-8.
1998, 148 Seiten mit 96 Abbildungen und 14 Tabellen. 88,– DM

266 **Mit Industrierobotern flexibel automatisierte Montage von Türabdichtungen für Kraftfahrzeuge**
Von Gerald Vögele ISBN 3-540-64512-8.
1998, 92 Seiten mit 50 Abbildungen. 88,– DM

267 **Verfahren zur Gestaltung von Dienstleistungsunternehmen in einem Konfigurationsansatz**
Von Alexander W. Roos ISBN 3-540-64566-7.
1998, 260 Seiten mit 93 Abbildungen. 88,– DM

268 **Die Kombination von Plasmanitrierung und plasmagestützter Schichtabscheidung aus der Gasphase (PACVD) in einem Verfahrensablauf**
Von Oliver Morlok ISBN 3-540-64567-5.
1998, 134 Seiten mit 55 Abbildungen und 10 Tabellen. 88,– DM

269 **Verfahren zur Generierung und Gestaltung von Montageablaufstrukturen komplexer Serienerzeugnisse**
Von Uwe A. Seidel ISBN 3-540-64687-6.
1998, 142 Seiten mit 49 Abbildungen. 88,– DM

270 **Flexibel automatisierte Montage von Holzdübeln mit Industrierobotern**
Von Thomas Hörz ISBN 3-540-64788-0.
1998, 122 Seiten mit 61 Abbildungen. 88,– DM

271 **Flexibel automatisierte Demontage von Fahrzeugdächern**
Von Reinhard Rupprecht ISBN 3-540-64969-7.
1998, 108 Seiten mit 46 Abbildungen und 2 Tabellen. 88,– DM

272 **Berechnung charakteristischer Spritzbild- und Qualitätsmerkmale beim Lackieren - Einsatz neuronaler Netze -**
Von Pavel Svejda ISBN 3-540-65038-5.
1998, 152 Seiten mit 62 Abbildungen und 29 Tabellen. 88,– DM

273 **Entwicklung eines Systems zur interaktiven Gestaltung und Auswertung von manuellen Montagetätigkeiten in der virtuellen Realität**
Von Rainer Heger ISBN 3-540-65039-3.
1998, 158 Seiten mit 64 Abbildungen und 6 Tabellen. 88,– DM

274 **Ein Verfahren zur integrierten, prozeßbegleitenden Vorkalkulation für die kostengerechte Konstruktion**
Von Joachim Th. Frech ISBN 3-540-65050-4.
1998, 154 Seiten mit 64 Abbildungen und 23 Tabellen. 88,– DM

275 **Grundlagenuntersuchungen und Weiterentwicklung der automatischen Farbwechseltechnik für Wasserlacke**
Von Hans-Jürgen Nolte ISBN 3-540-65146-2.
1998, 128 Seiten mit 70 Abbildungen und 10 Tabellen. 88,– DM

276 **Formleitlinien für die Flächenrückführung - Extraktion von Kanten und Radiusauslauflinien aus unstrukturierten 3D-Meßpunktmengen**
Von Ralph Peter Knorpp ISBN 3-540-65161-6.
1998, 134 Seiten mit 57 Abbildungen und 5 Tabellen. 88,– DM

277 **Erfassen und Verarbeiten komplexer Geometrie in Meßtechnik und Flächenrückführung**
Von Thomas Haller ISBN 3-540-65147-0.
1998, 175 Seiten mit 50 Abbildungen und 10 Tabellen. 88,– DM

278 **Reaktive Abscheidung von Metalloxiden auf Polycarbonat zur Erzeugung transparenter Verschleißschutzschichten**
Von Patrick Markschläger ISBN 3-540-65502-6.
1998, 164 Seiten mit 85 Abbildungen und 13 Tabellen. 88,– DM

279 **Adaptive Personaleinsatzsteuerung in homogenen Arbeitsgruppen bei sequentieller Auftragsstruktur**
Von Manfred Hüser ISBN 3-540-65505-0.
1998, 144 Seiten mit 53 Abbildungen. 88,– DM

280 **Meßeinrichtung zur direkten Unterscheidung von luftgetragenen biotischen und abiotischen Partikeln**
Von Rüdiger Kölblin ISBN 3-540-65526-3.
1999, 104 Seiten mit 57 Abbildungen. 88,– DM

281 **Untersuchungen von Reinheitssystemen zur Herstellung von Halbleiterprodukten**
Von Jochen Schließer ISBN 3-540-65560-3.
1999, 124 Seiten mit 64 Abbildungen. 88,– DM

282 **Prüfverfahren zur Untersuchung der Partikelkontamination von Reinstgasversorgungskomponenten**
Von Johann Dorner ISBN 3-540-65562-X.
1999, 114 Seiten mit 79 Abbildungen. 88,– DM

283 **Rechnergestützte Gestaltungsvorgaben und Dialogbausteine für grafische Benutzungsschnittstellen**
Von Rolf Ilg ISBN 3-540-65579-4.
1999, 144 Seiten mit 51 Abbildungen und 44 Tabellen. 88,– DM

284 **Eine Architektur verteilter Objekte zur Integration von Produktionsinformationssystemen**
Von Thomas Linsenmaier ISBN 3-540-65636-7.
1999, 158 Seiten mit 66 Abbildungen. 88,– DM

285 **System zur dezentralen Planung von Entwicklungsprojekten im Rapid Product Development**
Von Kai Wörner ISBN 3-540-65637-5.
1999, 170 Seiten mit 48 Abbildungen und 16 Tabellen. 88,– DM

286 **Adhäsives Greifen von kleinen Teilen mittels niedrigviskoser Flüssigkeiten**
Von Karl-Borries Bark ISBN 3-540-65638-3.
1999, 116 Seiten mit 58 Abbildungen. 88,– DM

287 **Ein generisches Optimierungsmodell für Zuordnungs- und Anpassungsaufgaben im Rahmen der Kapazitätsabstimmung**
Von Gerd Aupperle ISBN 3-540-65639-1.
1999, 180 Seiten mit 59 Abbildungen. 88,– DM

288 **Einfluss der Produktgestalt auf den Energieaufwand beim Recycling mechanischer Bauteile und Baugruppen**
Von Andreas Friedel ISBN 3-540-65680-4.
1999, 136 Seiten mit 47 Abbildungen und 8 Tabellen. 88,– DM